Für unsere Eltern, die uns ihr Wissen vermittelten und uns den Raum zum Wachsen gaben.

Für unsere Ehemänner, die uns inspirieren, unterstützen und den Rücken freihalten.

Und für unsere Kinder, die wir mit all unserer Liebe und Achtsamkeit auf ihren Wegen begleiten, die uns liebevolle und geduldige Lehrmeister sind und für die wir uns eine sinnstiftende und erfüllende Zukunft wünschen.

BusinessVillage

Andrea Barrueto
Eveline Baumgartner Meier

Job Crafting

Arbeit besser gestalten

BusinessVillage

Andrea Barrueto, Eveline Baumgartner Meier
Job Crafting
Arbeit besser gestalten
1. Auflage 2024

Bestellnummern
ISBN 978-3-86980-768-3 (Druckausgabe)
ISBN 978-3-86980-769-0 (E-Book, PDF)
ISBN 978-3-86980-770-6 (E-Book, epub)

Direktbezug www.BusinessVillage.de; PB-1193

Bezugs- und Verlagsanschrift
BusinessVillage GmbH
Reinhäuser Landstraße 22
37083 Göttingen
Telefon: +49 (0)5 51 20 99-1 00
E-Mail: info@businessvillage.de
Web: www.businessvillage.de

Autorenfoto | Jessica Klostermeier, Select Photography GmbH

Abbildung auf dem Umschlag | Mark Soldini, OVA Design inspiriert durch dkochli, www.pixabay.de

Abbildungen im Buch | Mark Soldini, OVA Design

Layout und Satz | Sabine Kempke

Druck und Bindung | www.booksfactory.de

Inhalt

Über die Autorinnen

Dr. phil. nat. Andrea Barrueto

Eveline Baumgartner Meier

Dr. phil. nat. Andrea Barruetos Fokus als Coach liegt auf der persönlichen Entwicklung von Menschen. Sie begleitet ihre Klientinnen bei der Erfüllung von Sehnsüchten und der Entfaltung von Potenzialen. Einfühlsamkeit und Ehrlichkeit sind ihr bei dieser Prozessarbeit besonders wichtig, sodass sich ihr Gegenüber für Veränderungen öffnen und diese mit möglichst viel Neugierde und Wohlwollen angehen kann.

Bei Führungs-, Team- und Kulturentwicklung ist Andrea Barrueto stets von der Frage geleitet, welche Fähigkeiten und Veränderungen notwendig sind, damit Menschen besser zusammenarbeiten können, um sowohl ihre Zufriedenheit als auch Leistungen zu steigern. Herausforderungen werden als Chancen erkannt und Lösungen neu gedacht. Optimierung soll aber kein Selbstzweck sein, sondern mit der Erschaffung einer humanen Unternehmenskultur einhergehen.

Die promovierte Geografin ist seit 2018 als Unternehmerin, Coach und Dozentin an Hochschulen tätig. Sie hat zuvor mehrere Jahre im Ausland für Entwicklungsorganisationen wie Helvetas gearbeitet und danach mit dem CAS in Change und Innovation Management an der HSG St. Gallen und der Ausbildung zum Integralen Master Coach bei Integral Coaching Canada die Grundlagen für ihre heutige Arbeit erworben.

Als diplomierte Bäuerin begeistert sich Andrea in der Freizeit für Gartenbau und entspannt sich in der Natur beim Outdoorsport. Sie lebt mit Mann und drei Kindern in der Schweiz.

Weitere Bücher von Andrea Barrueto: »Das Design humaner Unternehmen«, erschienen bei BusinessVillage im Sommer 2023.

Kontakt:

E-Mail: info@barrueto.ch

Web: www.barrueto.ch

Eveline Baumgartner Meier ist es ein großes Anliegen, dass jeder Mensch sich seiner individuellen Stärken und Talente bewusst ist, diese ungehindert entfalten und erfolgreich am richtigen Ort einsetzen kann. Besonders wichtig ist ihr dabei, die Resilienz ihrer Klientinnen und Klienten zu stärken, damit sie den Herausforderungen des Lebens gewachsen sind.

Als Arbeits- und Organisationspsychologin, Atemtherapeutin und Achtsamkeitslehrerin mit über zwanzig Jahren Erfahrung begleitet sie Menschen in beruflichen und privaten Veränderungssituationen und unterstützt sie im Umgang mit Stress, Belastungen und Krankheiten. Ihre Arbeitsweise ist geprägt von Empathie, Kreativität und Ganzheitlichkeit. Seit 2005 führt sie die Praxis »Kraftvoll Leben«, wo sie Assessment und Development Center, Laufbahn- und Outplacement-Beratungen sowie psychologische und atemtherapeutische Beratungen und Atemkurse anbietet. In ihrem Blog schreibt sie zudem regelmäßig über mentale Gesundheit, Achtsamkeit und die Kraft des Atems.

Eveline Baumgartner Meier lebt glücklich verheiratet mit ihrem Mann, ihren Söhnen und einer Katzendame im luzernischen Rothenburg. In ihrer Freizeit findet sie Ausgleich beim Nähen und Yoga und an der Luzerner Fasnacht.

Kontakt:

E-Mail: info@potenziale-erkennen.com
Web: www.potenziale-erkennen.com

Das Downloadangebot zum Buch

In dieser Sektion findest du alle Tools aus dem Buch als PDF zum Downloaden und Drucken vorbereitet.

Tools für die Reflexionsphase

Tool 1 – Selbstreflexion und Zukunftsplanung
Tool 2 – Stärken: der Schlüssel zum Erfolg
Tool 3 – Der Wertekompass
Tool 4 – Logbuch: Zeit und Energie der Tätigkeiten
Tool 5 – Den Traumjob spinnen
Tool 6 – Identifikation von Vorbildern
Tool 7 – Die Beziehungslandkarte
Tool 8 – Der Steckbrief des Unternehmens

Tools für die Crafting-Phase

Fragebogen Job Crafting – Die Facetten meiner Arbeit
Anleitung 1 – Transformation der Gedanken
Anleitung 2 – Gestaltung der Tätigkeiten
Anleitung 3 – Die Beziehungen gestalten
Anleitung 4 – Transformation des Arbeitsalltags und Umfelds

Tools für die Follow-up-Phase

Anleitung 5 – Überblick behalten
Anleitung 6 – Wöchentliche Erfolgsbilanz
Anleitung 7 – Erfolgstagebuch

Das Downloadangebot des Verlags zum Buch

www.businessvillage.de/DL-1193.html

»Es gibt nur zwei Tage im Jahr, an denen man nichts tun kann. Der eine ist gestern, der andere morgen. Dies bedeutet, dass heute der richtige Tag zum Lieben, Glauben und in erster Linie zum Leben ist.«

Dalai Lama, spiritueller Lehrer, geistliches Oberhaupt Tibets

Vorwort von Christoph Negri

Kennen Sie das auch aus der eigenen praktischen Tätigkeit? Es stehen Entwicklungen oder Veränderungen an, weil die Kunden- und/oder Mitarbeiterbedürfnisse sich verändern, weil die technologische Entwicklung andere Arbeitsformen oder Produktionsweisen ermöglicht, weil der Generationswechsel neue Perspektiven, Kompetenzen und Erwartungen hervorbringt, weil der Fachkräftemangel zum Umdenken zwingt oder weil der Standort Schweiz spezielle Anforderungen an die Produktivität, die Qualität und die Positionierung Ihrer Organisation stellt. Oder Sie bemerken an Ihrer eigenen Vorgehensweise, wie Anforderungen, Erwartungen, aber auch die benötigten Kompetenzen sich verändern und die eigenen Vorgehensweisen, die Positionierung im Unternehmen und die Rollenwahrnehmung reflektiert und immer wieder neu definiert werden müssen. Die angewandte Psychologie bietet eine Vielzahl erprobter, wissenschaftlich fundierter Analyse- und Gestaltungsansätze für Fragen zur Führung und Zusammenarbeit in neuen Arbeitswelten, in verschiedenen Branchen, für verschiedene Rollen und auf der Ebene der Organisationsentwicklung.

Die moderne Arbeitswelt ist komplex, vielfältig und fordert uns Menschen sowie die Organisationen auf ganz unterschiedlichen Ebenen. Von der VUCA-Welt bewegen wir uns immer mehr in eine BANI-Welt (B = brüchig, A = anxious/ängstlich, N = non-linear, I = incomprehensible/unbegreiflich) (Cascio 2021). In dieser aktuell mehr als nur volatilen Gesellschaft – und damit verbunden auch Arbeitswelt – braucht es daher neue Ansätze und

Kompetenzen, die uns dabei unterstützen. So genügen zum Beispiel Stellenprofile den jetzigen Anforderungen nicht mehr und es braucht unbedingt Konzepte wie Job Crafting, die für die aktuellen Herausforderungen passend und zielführend sind.

Eine Studienreihe des Instituts für Angewandte Psychologie (IAP) zum Menschen in der Arbeitswelt 4.0 zeigt die folgenden Haupterkenntnisse (IAP 2017–2023: *www.zhaw.ch/de/psychologie/institute/iap/iap-studie*):

- Digitalisierung führt zu mehr Selbstführung.
- Digitalisierung wird als Chance für mehr Selbstbestimmung, Selbstverantwortung und Innovation gesehen.
- Durch mobil-flexibles Arbeiten wird mehr Autonomie in der Verbindung, aber auch Entgrenzung von Arbeit und Freizeit erreicht.
- Führung findet weniger hierarchisch orientiert, sondern vermehrt auf Augenhöhe statt und Eigenverantwortung statt Controlling wird betont – und auch explizit von den Mitarbeitenden gewünscht.
- Agile Arbeitsweisen werden in vielen Unternehmen praktiziert – diese benötigen aber ein Commitment auf allen Ebenen der Organisation.

Zusammengefasst können wir sagen, dass das IAP einen Wandel von Unternehmen hin zur Selbstorganisation feststellt, die eine verstärkte Selbstführung mit sich bringt.

Dies entspricht einem der wesentlichen psychologischen Grundbedürfnisse des Menschen. Der Mensch will möglichst selbst gestalten, hat ein Autonomiebedürfnis und will mitbestimmen. Genau da setzt der Job Crafting-Ansatz bei einem aktuell sehr relevanten Punkt an und kann hilfreiche Unterstützungsmöglichkeiten bieten. Natürlich haben nicht alle Menschen ein gleich stark ausgebildetes Bedürfnis nach Selbststeuerung und nicht alle Tätigkeiten und Jobprofile bieten den gleich großen Spielraum. Meine Erfahrungen als Berater von unterschiedlichen Unternehmen in ganz verschiedenen Branchen und als Leiter eines großen Instituts (geführt und finanziert wie ein KMU) mit rund hundertfünfzig Mitarbeitenden mit vielen unterschiedlichen Tätigkeiten, Rollen und Kompetenzen zeigen jedoch, dass in jedem Fall mithilfe des Job Crafting-Ansatzes Möglichkeiten der Selbstgestaltung und Selbststeuerung vorhanden sind, die gemeinsam mit den Mitarbeitenden konkretisiert und passend ausgearbeitet werden können.

Zwei kurze Beispiele dazu

Ich begleite seit mehreren Jahren die Geschäftsleitung eines großen, bekannten, international tätigen Industrieunternehmens in der Schweiz. Im Zentrum stehen Fragen zu den Veränderungen der aktuellen Arbeitswelt, getrieben durch die Digitalisierung. Dabei haben wir immer wieder über Themen wie agile Arbeitsformen, selbst gesteuerte Teamarbeit, neue Führungsansätze gesprochen. Wie so oft bei Diskussionen dieser Art erwähnte der Leiter der Logistik kritisch, dass sich solche Ansätze bei seinen Teams und Mitarbeitenden kaum verfolgen ließen und auch nicht erwünscht seien. Doch schon nach kurzer Zeit gab er das Feedback, dass sie nun doch einzelne Elemente diskutiert hätten und jetzt die Arbeitspläne und Einsatzzeiten durch die Mitarbeitenden selbst ausarbeiten und bestimmen ließen. Dies habe eine sehr positive Reaktion ausgelöst.

Für mich persönlich ein wunderbares Beispiel, das zeigt, dass mit kleinen und auch einfachen Maßnahmen und etwas Mut und Veränderungsbereitschaft auf allen Ebenen Job Crafting-Gedanken umgesetzt werden können.

Bei uns am Institut für Angewandte Psychologie arbeiten rund vierzig Mitarbeitende im Support-Bereich mit primär administrativen Tätigkeiten, wie Management von WB-Studiengängen, Management von großen Beratungsmandaten, Raumplanung. Die Mitarbeitenden schätzen, dass sie im Grundsatz sehr selbstständig und autonom arbeiten können, und haben in dem Sinn schon eine recht große Selbststeuerung in ihrem Arbeitsalltag. Jährlich führen wir einen zweitägigen Workshop nur für diese Zielgruppe durch, um spezifisch auf ihre Bedürfnisse einzugehen. So vor zwei Jahren auch zum Thema Job-Crafting, das bei allen einen sehr großen Anklang gefunden und ihnen neue Möglichkeiten aufgezeigt hat, die anschließend in ihren Teams zusammen mit ihren Vorgesetzten weiterentwickelt und -verfolgt werden konnten. Damit konnte sowohl auf der individuellen wie auch auf der organisationalen Ebene Wirkung erzielt werden.

Mir persönlich ist es sowohl in der Rolle als Führungsperson als auch für mich selbst ein großes Anliegen, dass wir in der Arbeitswelt Gestaltungs- und Spielräume, Vielfalt, Selbstbestimmung und Selbststeuerung für alle Tätigkeiten, Funktionen und Rollen möglich machen und fördern. Ich bin überzeugt, dass wir damit wichtige Grundlagen für eine gesunde Arbeitsumgebung und psychische Gesundheit schaffen können. Die Arbeitswelt wird sich weiterhin rasant entwickeln und wir werden auch in Zukunft stark gefordert sein und Kompetenzen wie Selbststeuerung, Reflexionsfähigkeit, kritisches Denken, Kreativität, Offenheit und Mut benötigen. Wir sind gefordert, unsere vielen verschiedenen Rollen immer wieder neu zu klären und kritisch zu hinterfragen. Für all diese verschiedenen Facetten kann der Job Crafting-Ansatz ein wirkungsvolles Instrument sein.

Als Sportpsychologe interessiert mich immer auch die mentale Ebene und die damit verbundenen Möglichkeiten. Wir wissen, dass die Art und Weise, wie wir unsere Tätigkeiten wahrnehmen und welche Einstellungen wir unseren Aufgaben und Herausforderungen entgegenbringen eine zentrale Rolle spielt. Wir haben dabei die Möglichkeit, mit einer selbstkritischen Haltung unsere Wahrnehmung und unsere mentalen Einschätzungen und Treiber zu überprüfen und unsere mentalen Muster neu zu gestalten, indem wir versuchen, die Perspektiven auf einzelne Aufgaben zu verändern und ihnen einen anderen Sinn zu geben (Reframing). Job Crafting nimmt die mentale Ebene auf und gibt somit allen gute Möglichkeiten und Chancen, auch auf dieser Ebene wirksam zu agieren.

Das vorliegende Buch der beiden Autorinnen Andrea Barrueto und Eveline Baumgartner Meier geht auf die verschiedenen Perspektiven von Job Crafting ein und bietet der Leserschaft in ihren verschiedenen Rollen und für sich persönlich wie auch auf organisationaler Ebene vielfältige und vielschichtige Ansätze und eine Menge wertvoller Tools.

Den beiden Autorinnen ist es sehr gut gelungen, zum äußerst wichtigen und aktuellen Thema Job Crafting ein fundiertes und gleichzeitig sehr praxisnahes Buch zu schreiben, das die Leserschaft inspirieren kann und zur Reflexion anregt.

Das Buch zeigt gleichzeitig die Vielfalt und Wichtigkeit der angewandten Psychologie für die Praxis und die verschiedenen Lebens- und Berufsbereiche.

Toll, dass es dieses Buch gibt, und herzlichen Dank dafür. Ich wünsche allen Lesern und Leserinnen viel Inspiration und Spaß bei der Lektüre.

Zürich, August 2024, Christoph Negri

1 Einleitung

»Jeder ist seines Glückes Schmied.«

Original: »Fabrum esse suae quemque fortunae.«

Römisches Zitat (Urheber unbekannt)

Job Crafting basiert auf der Idee auf, dass jeder Einzelne selbst dafür sorgen kann, glücklich und erfolgreich in seiner Arbeit zu sein. Das tönt fast zu schön, um wahr zu sein. Doch was verbirgt sich hinter diesem vielversprechenden Konzept?

Als Arbeitspsychologin, Unternehmensberaterin und Coach ist es unser Ziel, Unternehmen oder Arbeitsräume zu schaffen, in denen sich Menschen entfalten können, ohne die wirtschaftliche Nachhaltigkeit aus den Augen zu verlieren.

Während Andrea Barruetos Buch »Das Design humaner Unternehmen« den Fokus auf die Geschäftsleitung, Führungspersonen und Organisationsberater legt, handelt es sich beim Job Crafting um eine Initiative, die von jedem einzelnen Mitarbeiter ausgehen kann. Job Crafting kann sogar gedanklich angewendet werden, wenn ein Mitarbeiter formal keinen Handlungsspielraum hat.

Job Crafting geht von der Annahme aus, dass jeder Mensch ein einzigartiges Individuum mit positiven und negativen Erfahrungen, Bedürfnissen, Werten, Wünschen, aber auch Unsicherheiten, Ängsten und Emotionen ist. Deshalb gibt es auch für jeden Menschen unzählige Möglichkeiten, eine passende Arbeitssituation zu gestalten.

Dieses Buch wird dir keine Anleitung zur Bestimmung der perfekten Arbeitssituation geben. Wir suchen nicht den einen idealen Arbeitsplatz oder die perfekte Rollengestaltung für eine bestimmte Person. Im Gegenteil! Unsere Erfahrung und Einblicke in Hunderte von Unternehmen zeigen, dass weder die perfekte Arbeitssituation noch das perfekte Profil eines Menschen für eine bestimmte Konstellation existiert. Dieses Buch verfolgt einen anderen Ansatz. Es will dich inspirieren, über den eigenen Horizont hinauszublicken, sei es als Mitarbeitender, als Teamleiter oder aus der HR-Perspektive. Du wirst lernen, welche Möglichkeiten es gibt, Jobsituationen nach persönlichen und aktuellen Bedürfnissen zu gestalten. Außerdem erfährst du, wie du deine Mitarbeitenden dabei unterstützen kannst, den Arbeitskontext anzupassen. Für Leserinnen und Leser, die in der Beratung oder als Coaches tätig sind, haben wir einige Werkzeuge und Fragebögen zusammengestellt, um eure Kundschaft optimal hinsichtlich der Arbeitspassung beraten zu können.

In diesem Buch erfährst du:

- was Job Crafting ist,
- welche Grundbedürfnisse Job Crafting zugrunde liegen,
- welche Formen von Job Crafting heute bekannt sind,
- welches die Vor- und Nachteile von Job Crafting sind,
- wie ein erfolgreicher Job Crafting-Prozess ablaufen kann,
- wie du die passende Art von Job Crafting für dich oder deine Klienten bestimmen kannst,
- wie der Umsetzungsprozess aus verschiedenen Perspektiven aussehen kann und welche Werkzeuge und Methoden du nutzen kannst,
- welche Herausforderungen bei der Umsetzung auftreten können,
- welche Alternativen es zu Job Crafting gibt, um die Selbstverantwortung deiner Mitarbeitenden zu stärken,
- wann eine Kündigung der richtige Weg ist und wie dieser Prozess dann gestaltet werden sollte.

Wir laden dich ein, dich auf Job Crafting einzulassen, dessen Prinzipien in die Tat umzusetzen und deinen Arbeitsplatz aktiv mitzugestalten. Wir hoffen, dass dieses Buch dir dazu wertvolle Einblicke und praktische Werkzeuge bieten kann. Lasse dich von den Ideen und Geschichten in diesem Buch inspirieren und setze die gewonnenen Erkenntnisse ein, um Arbeit an deine oder eure individuellen Bedürfnisse und Stärken anzupassen.

Denke daran, dass jeder Schritt hin zu einer individuell gestalteten Arbeitssituation nicht nur deine Zufriedenheit und dein Wohlbefinden, sondern auch deine Produktivität und deinen Erfolg erheblich steigern kann.

Packe es also an und erlebe, wie kleine Veränderungen große positive Auswirkungen haben können.

In diesem Sinne wünschen wir dir viel Freude, Inspiration, Einsicht und – natürlich – die Realisierung deines Traumjobs!

Die Autorinnen,

Andrea Barrueto und Eveline Baumgartner Meier

2

Job Crafting ist mehr als ein Buzzword: Historie und Fallbeispiele zum Kennenlernen

»Frage nicht, was die Welt braucht. Frage dich selbst, was dich lebendig macht, und gehe und tue das, denn was die Welt braucht, das sind Leute, die lebendig geworden sind.«

Howard Thurman (1899–1981),
amerikanischer Philosoph, Theologe, Autor und Bürgerrechtskämpfer

Der Begriff »Job Crafting« wurde erstmals von den amerikanischen Organisationspsychologinnen Amy Wrzesniewski und Jane E. Dutton in ihren Studien Anfang des einundzwanzigsten Jahrhunderts eingeführt. Übersetzt bedeutet er das »Anpassen und Umgestalten der eigenen Arbeit«. Die Bezeichnung ist neu, wir Menschen gestalten Arbeit jedoch, seit es Arbeit gibt. Auch du hast sicherlich bewusst oder unbewusst dein berufliches Umfeld schon gecraftet.

Job Crafting meint, dass du aktiv und bewusst deine Arbeit oder deinen Arbeitsplatz veränderst. Du passt die Aufgaben, Arbeitsbeziehungen oder die Art und Weise, wie du deine Arbeit wahrnimmst, an deine Fähigkeiten, Bedürfnisse und Interessen an.

Amy Wrzesniewski und Jane E. Dutton (2001) haben in verschiedenen Studien festgestellt, dass Mitarbeitende oft von sich aus diese Anpassungen vornehmen, unabhängig davon, ob die Führungsebene dies genehmigt hat oder nicht. Diese Menschen handeln in Übereinstimmung mit ihrer inneren Motivation (siehe Box 1 »Motivation«) und gestalten ihren Aufgabenbereich so, dass er für sie sinnvoller erscheint. Dadurch werden sie einerseits produktiver und effizienter und andererseits auch zufriedener und motivierter.

Box 1 – **Motivation**

Motiviert sein bedeutet, etwas tun zu wollen. Die grundlegendste Unterscheidung wird zwischen extrinsischer und intrinsischer Motivation gemacht. Extrinsische Motivation bedeutet, von äußeren Faktoren wie finanzielle Anreize, Einflussnahme oder Anerkennung angetrieben zu sein (Deci 1971, Harlow et al. 1950). Die intrinsische Motivation beschreibt dagegen das Handeln aus Interesse oder Freude an der Tätigkeit selbst. Die Selbstbestimmungstheorie nennt drei psychologische Grundbedürfnisse, die intrinsische Motivation fördern:

Autonomie: frei über das Tun entscheiden zu können,

Kompetenz: effektiv auf wichtige Dinge einwirken zu können,

soziale Eingebundenheit: sich in eine Gemeinschaft einbringen zu können.

Pink (2018) ergänzt dies um die Sinnhaftigkeit eines Tuns und Laloux (2014) betont die Ganzheit, also den Einbezug der ganzen Person. Damit die Grundbedürfnisse eines Menschen gewährleistet sind, müssen nach Maslow (1943) die physiologischen und materiellen Sicherheitsbedürfnisse gedeckt sein. Das Haus der Motivationen (siehe Abbildung 1) nimmt diese Grundvoraussetzungen als gegeben an. Darauf bauen die Faktoren der intrinsischen und extrinsischen Motivation auf, die je nach Unternehmen unterschiedlich gewichtet sind.

1 | Das Haus der Motivationen

nach Barrueto et al. (2019)

Um dir einen ersten Eindruck von Job Crafting zu vermitteln, präsentieren wir dir zwei Fallgeschichten: Im ersten Beispiel verändert eine Mitarbeiterin ihren Arbeitsplatz und im zweiten passt ein Arbeiter seine mentale Einstellung zur Arbeit an. Beides ist Job Crafting.

Sandra, fünfunddreißig Jahre, Sachbearbeiterin im Bereich Technik und Unterhalt in einem Großkonzern

Sandra ist für die Projekte der Betriebstechnik zuständig. In diesem Zusammenhang ärgerte sie sich im Arbeitsalltag wiederholt über die Ineffizienz, wenn sie über verschiedene Kommunikationskanäle und Programme Informationen abspeichern und an Kollegen weiterleiten wollte. Seit längerer Zeit gehört ihre Leidenschaft dem Programmieren. In ihrer Freizeit hat sie sich deshalb entsprechendes Wissen mit Kursen und im Selbststudium angeeignet. Sandra hatte die Idee, diese Kenntnisse zu nutzen, um eine Kommunikations-App zu entwickeln, mit der auf dem Computer verschiedene Befehle im Hintergrund zusammengefasst und auf dem Desktop auf Knopfdruck abgerufen werden können. Sie erhoffte sich dadurch eine erleichterte Kommunikation und Zusammenarbeit mit dem Team. Sie informierte ihre Führungskraft, die erstaunlich offen war für diese Idee. Heute nutzt ihr Team die einfache Kommunikations-App mit Begeisterung. Sandra ist stolz auf ihre Leistung und hat wieder viel mehr Freude an der Arbeit.

Andreas, dreiundsechzig Jahre, Fotograf, selbstständig

Nach der Sekundarschule machte Andreas eine Lehre bei einem bekannten Schweizer Fotografen. Dort lernte er, die optimale Belichtungs- und Verschlusszeit zu wählen, Negative in der Dunkelkammer zu entwickeln und Menschen zu fotografieren. Er liebte die Vielseitigkeit seines Berufes: Zum einen genoss er es, in einer Menschengruppe zu sein und Erinnerungen festzuhalten, zum anderen mochte er es, allein in der Dunkelkammer Fotos zum Leben zu erwecken. Doch mit den technischen Neuerungen wurden viele seiner Fähigkeiten überflüssig. Die neuen Kameras übernahmen so viele Aufgaben, dass sein Fachwissen immer weniger gefragt war, und die meisten Menschen wollten keine analogen Fotos mehr. Stattdessen fotografierte er die Kunden nur noch kurz und sandte ihnen die Fotos digital zu. Dadurch entfielen für ihn die umfassende Beratung wie auch das Entwickeln der Fotos. Diese Veränderungen belasteten ihn. Oft hatte er täglich mindestens acht Kunden zu fotografieren, was für ihn sehr repetitiv wurde und ihm die Freude am Beruf nahm.

In einem Coaching hinterfragte er seine Arbeit. Da er das Fotografieren liebte, war ihm klar, dass er weiterhin als Fotograf arbeiten wollte. Er entschied, seine Einstellung zum Beruf zu verändern, und begann, sich mehr als Künstler zu sehen, der seine Kunden bei wichtigen Lebensereignissen ins beste Licht rückt. Dadurch wurde für ihn die Arbeit bedeutungsvoller. Er passte seine Webseite an und bot nun auch Fotos mit einer alten Kamera inklusive Entwicklung in der Dunkelkammer an. Für ihn überraschend, war dieses Angebot in der heutigen schnelllebigen Zeit sehr gefragt.

Sandra und Andreas haben ihre Arbeit an ihre Bedürfnisse angepasst und neu gestaltet. Die Gestaltung von Arbeit und Arbeitsplätzen hat eine lange Geschichte und hat sich im Verlauf der Zeit kontinuierlich weiterentwickelt. Vor dem Ende des neunzehnten Jahrhunderts wurden individuelle Aspekte wie Sinnerfüllung, Wertvorstellungen und Bedürfnisse, die heute einen nachweislich wichtigen Einfluss auf die menschliche Motivation und damit auch auf die Arbeitsleistung haben, vernachlässigt. Im Zeitalter des Taylorismus in den 1910er-Jahren lag der Fokus beispielsweise darauf, Arbeitsabläufe durch wissenschaftliche Analysen zeitsparend und effizient zu gestalten. Die Arbeitsprozesse wurden optimiert und der arbeitende Mensch als austauschbares Teilchen im Produktionsprozess betrachtet – ohne Rücksicht auf seine individuellen Bedürfnisse und Motivationen. Der Mensch sollte nicht denken, sondern nur ausführen.

Box 2 – **Zwei-Faktoren-Theorie**

Die Zwei-Faktoren-Theorie (Herzberg 1974) unterscheidet zwischen zwei Arten von Faktoren, welche die Arbeitszufriedenheit und -unzufriedenheit beeinflussen (siehe Abbildung 2):

Motivatoren: Diese Faktoren beziehen sich auf den Arbeitsinhalt und entsprechen dem Bedürfnis des Menschen, etwas zu erreichen. Sie führen zur Zufriedenheit, haben einen langfristigen Effekt und können die Motivation der Mitarbeitenden erhöhen. Beispiele: Anerkennung, Leistungserleben, abwechslungsreiche Tätigkeit, Verantwortung, Entwicklungsmöglichkeiten, Herausforderung.

Hygienefaktoren: Diese Faktoren beziehen sich auf die Arbeitssituation und beinhalten die wirtschaftlichen Faktoren. Sie sind notwendig, um Unzufriedenheit zu vermeiden, haben jedoch begrenzten Einfluss auf die Zufriedenheit. Beispiele: Arbeitsbedingungen, Lohn, fehlende Wertschätzung, Führungsstil, Unternehmenspolitik, Arbeitsklima, Arbeitsunsicherheit.

Herzberg argumentiert, dass die bloße Verbesserung von Hygienefaktoren allein nicht ausreicht, um die Motivation und Zufriedenheit der Mitarbeitenden zu steigern. Stattdessen müssen Motivatoren gezielt gefördert werden, um positive Auswirkungen auf die Arbeitszufriedenheit und die Leistung zu erzielen.

2 | Übersicht Motivatoren und Hygienefaktoren

nach Herzberg (1974)

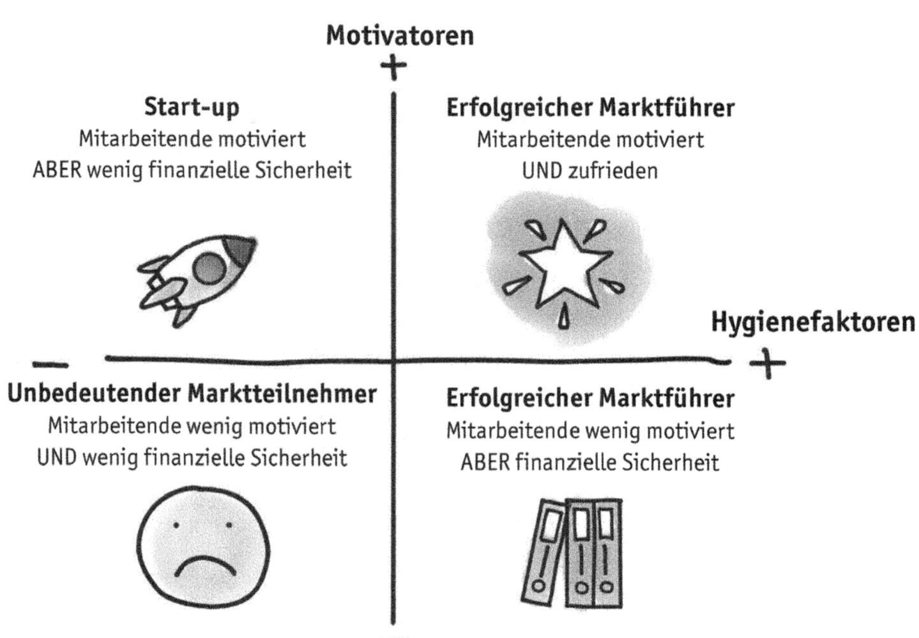

Erst mit der Human-Relations-Bewegung zwischen 1930 und 1950 kamen die sozialen Aspekte und das Wohlergehen der Mitarbeiter ins Bewusstsein. Die Bewegung um die Hawthorne-Studien von Elton Mayo (1933) legte den Grundstein, die Arbeit als sozialen Prozess zu sehen, und betonte die Bedeutung der menschlichen Bedürfnisse und Beziehungen am Arbeitsplatz.

Mitte des zwanzigsten Jahrhunderts rückten dann Motivationstheorien wie die »Bedürfnispyramide« von Abraham Maslow (1943) und Frederick Herzbergs (1974) »Zwei-Faktoren-Theorie« den Menschen mit seinen individuellen psychischen Bedürfnissen und Werten in den Mittelpunkt der Betrachtung (siehe Box 2 »Zwei-Faktoren-Theorie«).

Richard Hackman und Greg Oldham (1976) identifizierten kurze Zeit später in ihrer »Job Characteristics Theorie« fünf zentrale Arbeitsmerkmale (Aufgabenvielfalt, Aufgabenganzheit, Aufgabenbedeutsamkeit, Autonomie und Feedback), welche die intrinsische Motivation förderten. Sie zeigten auf, dass mit der Gestaltung der Arbeit nach den Bedürfnissen und Fähigkeiten der Mitarbeitenden deren Motivation und Leistung gesteigert werden können.

Mit der Einführung des Job Crafting-Konzepts von Amy Wrzesniewski und Jane E. Dutton (2001) wird nun der Blick auf die proaktive Anpassung der Arbeit durch die Mitarbeitenden selbst gerichtet. Es betont insbesondere die Anpassung von Aufgaben, sozialen Beziehungen und der mentalen Einstellung zur Arbeit. Dieser Ansatz würdigt die individuelle Autonomie sowie die Bedeutung persönlicher Bedürfnisse und Ziele, indem er den Mitarbeitenden ermöglicht, ihre Arbeit aktiv und eigenverantwortlich zu gestalten.

3 | Entwicklung der Arbeitsgestaltung

ab 1910

Taylorismus | Effizienz und Optimierung der Arbeitsabläufe ohne Rücksicht auf Bedürfnisse der Mitarbeitenden.

1930-1950

Human-Relations-Bewegung | Wichtigkeit der menschlichen Bedürfnisse und Beziehungen am Arbeitsplatz. Arbeit als sozialer Prozess.

1943-1974

Motivationstheorien: Maslows Bedürfnispyramide und Herzbergs Zwei-Faktoren-Theorie | Im Mittelpunkt stehen die individuellen Bedürfnisse und Motivationen der Arbeitenden.

1975

Job-Characteristics-Theorie | Identifizieren von Arbeitsmerkmalen, welche die intrinsische Motivation fördern. Dadurch Steigerung der Motivation und Leistung der Arbeitenden.

2001

Job Crafting | Proaktive Anpassung der Arbeit durch die Mitarbeitenden selbst. Individuelle Autonomie, persönliche Bedürfnisse und Ziele ermöglichen, aktive und selbstbestimmte Gestaltung der Arbeit.

Die Entwicklung der Arbeitsgestaltung zeigt also einen kontinuierlichen Wandel von einem Fokus auf Effizienz und Standardisierung hin zu einer stärker individualisierten und mitarbeiterzentrierten Perspektive (siehe Abbildung 3).

Seit der Veröffentlichung der Studie von Amy Wrzesniewski und Jane E. Dutton im Jahr 2001 wurde das Konzept des Job Crafting kontinuierlich weiter erforscht und entwickelt. Ein bedeutender Beitrag kam beispielsweise 2012 von Tims et al., die eine Skala zur Messung des Job Crafting-Verhaltens einführten und das Job-Demands-Resources-Modell in ihre Arbeit integrierten (deutsch: Arbeitsanforderungen-Ressourcen-Modell, siehe Box 3 »Job-Demands-Resources-Modell«).

Durch diese Umdefinierung entdeckten Wissenschaftler, dass starke Arbeitsressourcen, wie soziale Unterstützung, konstruktives Feedback, vielfältige Aufgaben, Entwicklungsmöglichkeiten und Autonomie, die negativen Auswirkungen von Arbeitsbelastungen lindern können und gleichzeitig zu mehr Engagement führen, wenn die Arbeitsanforderungen ebenfalls hoch sind (Bakker und Demerouti 2007; Tims und Bakker 2010). Zu wenig anspruchsvolle Aufgaben können dagegen Langeweile verursachen.

Ein angemessenes Maß ist also für die Motivation wichtig und kann das persönliche Wachstum und die Zufriedenheit steigern (Berg et al. 2008). Die Mitarbeitenden können die Arbeitsanforderungen aber auch proaktiv senken, um eine Überforderung zu verhindern. Diese könnte sonst – vor allem in Kombination mit wenig Arbeitsressourcen – zu negativen gesundheitlichen Folgen wie Erschöpfung und Burn-out führen (Singh und Singh 2018) oder unerwünschte organisatorische Konsequenzen wie erhöhte Fluktuation (Rudolph et al. 2017) haben.

Für dich bedeutet das, dass du gut auf dein Gleichgewicht achten und wenn nötig entweder die Arbeitsbelastungen reduzieren oder deine Ressourcen stärken solltest, um wieder in die Balance zu kommen oder um sie zu halten.

Box 3 – **Job-Demands-Resources-Modell**

Das Job-Demands-Resources-Modell ist ein theoretisches Rahmenwerk, entwickelt von Arnold Bakker und Evangelia Demerouti (2014), um das Wohlbefinden und die Leistung der Arbeitnehmenden zu erklären. Dieses Modell unterscheidet zwischen Arbeitsanforderungen und Arbeitsressourcen.

Arbeitsanforderungen: Dazu gehören körperliche und/oder psychische Belastungen wie Zeitdruck, komplexe Aufgaben, emotionale Herausforderungen, Arbeitsunterbrechungen oder eine schlechte Stimmung und Konflikte im Team. Sind diese Belastungen hoch und werden sie nicht durch ausreichende Ressourcen ausgeglichen, können sie zu Stress und Burn-out führen.

Arbeitsressourcen: Das sind Elemente der Arbeit, die dazu beitragen, Ziele zu erreichen, Anforderungen zu reduzieren und persönliche Entwicklung zu fördern. Dies geschieht durch Handlungsspielraum und soziale Unterstützung, beispielsweise in Form von Supervision, Coaching oder konstruktivem Feedback. Arbeitsressourcen wirken als Motivationsfaktoren, die das Engagement steigern können und gleichzeitig die negativen Auswirkungen der Arbeitsanforderungen abschwächen.

Das Modell wird in verschiedenen Arbeitskontexten angewendet: zur **Stressprävention und Gesundheitsförderung**, um das **Arbeitsengagement zu erhöhen**, um **Arbeitsbedingungen zu analysieren und zu verbessern** oder um **ein ausgewogenes Verhältnis zwischen Belastungen und Ressourcen** zu schaffen.

Es ist wichtig zu berücksichtigen, dass Arbeitsanforderungen und Jobressourcen miteinander interagieren. Für ein optimales Arbeitsumfeld sollte daher sowohl die Reduzierung der Belastungen als auch die Stärkung der Ressourcen im Fokus stehen.

Vielleicht wirst du dich jetzt fragen, ob jeder seinen Job selbst gestalten kann? Ja, das ist so. Berg et al. (2010) fanden heraus, dass Mitarbeitende unabhängig von der Position ihre Arbeitsplätze gestalten können. Allerdings stehen sie unterschiedlichen Herausforderungen gegenüber. Personen in höheren Positionen beispielsweise stolpern eher über ihre eigenen Erwartungen und die Art und Weise, wie sie ihre Zeit bei der Arbeit verbringen wollen, wohingegen Menschen in niedrigen Positionen zuerst gegen die Erwartungen und Verhaltensweisen anderer kämpfen müssen, um überhaupt Möglichkeiten zum Gestalten zu erhalten.

Aber hinter Job Crafting steckt nach Ansicht von Tims und Bakker (2012) noch mehr, als dass Menschen nur danach streben, in ihren jeweiligen Funktionen die Arbeit oder den Arbeitsplatz nach ihren Fähigkeiten, Interessen und Werten zu gestalten. Sie wollen auch zusätzliche Ressourcen mobilisieren, um den zukünftigen Anforderungen besser gewachsen zu sein.

So kannst du mit Job Crafting also auch deine Selbstwirksamkeit ausbauen und die eigene Resilienz stärken, was dich längerfristig widerstandsfähiger gegenüber Stress, Druck und negativen Impulsen machen wird (mehr über das Resilienzkonzept kannst du in der Box 4 »Resilienz: Die Kunst, Krisen zu meistern« erfahren).

Da Job Crafting seinem Wesen nach intrinsisch motiviert ist, das heißt einem inneren Bedürfnis des Arbeitnehmenden entspricht, kann es nicht vom Vorgesetzten angeordnet werden.

Job Crafting ist eine instinktive menschliche Reaktion auf Arbeitsumgebungen, die in vielen Fällen hoch standardisiert sind und deren Strukturen und Regeln für die Arbeitenden nicht immer hilfreich und nützlich erscheinen. Jeder Mensch aber strebt danach, seine Arbeit so effektiv und angenehm wie möglich zu gestalten. Mit Job Crafting wirst du also zum Schöpfer deiner eigenen Arbeitsrolle, ohne dafür dein aktuelles Anstellungsverhältnis zu verlassen.

Box 4 – **Resilienz: die Kunst, Krisen zu meistern**

Der Begriff »Resilienz« stammt aus der Physik und beschreibt die Fähigkeit eines Materials, nach der Verformung in seine ursprüngliche Form zurückzukehren. Adaptiert auf den Menschen bezeichnet Resilienz die Fähigkeit, schwierige, belastende oder gar traumatische Erfahrungen durch eigene und soziale Ressourcen zu bewältigen, sich an veränderte Lebensumstände anzupassen und keinen dauerhaften Schaden zu nehmen.

Resilienz wird von Umweltfaktoren beeinflusst und enthält eine Lernkomponente. Resiliente Menschen gehen flexibler mit Stress und Druck um, suchen trotz großer Belastung nach Lösungsansätzen und passen sich neuen Situationen an, indem sie aus negativen Erfahrungen lernen (Berndt 2013). Die folgenden Schlüsselkomponenten beeinflussen sich gegenseitig und prägen die Resilienz (Heller 2021):

Akzeptanz: Realität und eigene Gefühle annehmen, wie sie sind.

Optimismus: Positive Grundhaltung, auch in schwierigen Zeiten Hoffnung zu bewahren.

Selbstwirksamkeit: Glaube an eigene Fähigkeiten, Herausforderungen erfolgreich zu bewältigen.

Eigenverantwortung: Verantwortung für Handeln, Entscheidungen und das eigene Leben zu übernehmen.

Soziale Unterstützung: Starkes soziales Netzwerk, Hilfe annehmen und Unterstützung suchen.

Lösungsorientierung: Aktives Angehen von Problemen und Entwickeln von Lösungsstrategien.

Zukunftsorientierung: Klare Ziele setzen, Motivation auch in schwierigen Zeiten aufrechterhalten.

Resilienz ist eine dynamische Fähigkeit, die durch kontinuierliches Training und Pflege gestärkt wird. Der Mensch erfährt so, dass er Krisen und schwierige Aufgaben meistern kann (Berndt 2013).

Ein solches Training haben Barrueto und Wenger (2024) zusammengestellt. Du findest weitere Informationen dazu unter *www.barrueto.ch/resilienz*.

Die psychologischen Grundbedürfnisse hinter Job Crafting

Warum machen Mitarbeitende Job Crafting von sich aus? Was treibt den Einzelnen dazu an? Welche Bedürfnisse liegen in diesem Handeln verborgen?

Vereinfacht gesagt: Der Mensch will sein Leben – und damit auch seine Arbeit – selbstständig gestalten. Er will sich das Leben zu eigen machen und dabei versuchen, seine Grundbedürfnisse mit dem Alltagserleben in Einklang zu bringen (Grawe 2004).

Als Grundbedürfnisse werden grundlegende menschliche Bedürfnisse bezeichnet, die das Wohlbefinden, die Motivation und die Gesundheit des Menschen beeinflussen. Sie sind universell und gelten für alle Menschen, unabhängig von ihrer kulturellen Zugehörigkeit, ihrem Alter oder ihrer Lebenssituation. Die Befriedigung dieser Bedürfnisse ist entscheidend für die allgemeine Verfassung, die Lebensqualität und die psychische Stabilität eines Menschen.

Für eine positive Entwicklung und gute Gesundheit ist wichtig, dass die Grundbedürfnisse im Alltag befriedigt werden können und dass der Mensch die Lebens- und Arbeitssituationen versteht, in denen er steckt, und eigene stimmige Entscheidungen fällen kann. Dieses Gefühl nannte Aaron Antonovsky Kohärenzgefühl. Der Mensch entwickelt es für sich und sein Leben, womit dieses für ihn verstehbar, handhabbar und sinnvoll wird (Antonovsky 1997, siehe Box 5 »Kohärenzgefühl«).

»Wer ein Warum zum Leben hat,
erträgt fast jedes Wie.«

Friedrich Nietzsche, deutscher Philosoph

Ist dieses Kohärenzgefühl bei dir ausgeprägt, kannst du deutlich besser mit stressreichen Lebenssituationen wie Krankheit, Trennung oder Kündigung umgehen. Du hast dann auch einen guten Zugang zu deinen Ressourcen, die du zum Bewältigen der jeweiligen Situation benötigst. Ist dein Kohärenzgefühl jedoch wenig entwickelt, stehen dir auch weniger Ressourcen zur Verfügung oder

Box 5 – **Kohärenzgefühl**

Aaron Antonovsky untersuchte, warum Menschen trotz extremer Belastungen gesund und in einem guten mentalen Zustand bleiben konnten. 1979 prägte er den Begriff »Salutogenese«, der die Entstehung und Erhaltung von Gesundheit beschreibt, im Gegensatz zur »Pathogenese«, die sich auf die Krankheitsentstehung konzentriert.

Das Kohärenzgefühl, das im Mittelpunkt seines Modells steht, beschreibt das Vertrauen in eine vorhersehbare und verstehbare Umwelt. Dieses Gefühl basiert auf drei Faktoren:

Verstehbarkeit: Erlebnisse im Leben sind für den Menschen geordnet und nachvollziehbar. Er kann zukünftige Ereignisse ableiten oder zumindest einordnen und erklären.

Handhabbarkeit: Der Mensch hat das Gefühl, über genügend Ressourcen zu verfügen, um mit den Anforderungen umzugehen oder sie zu ertragen.

Bedeutsamkeit: Der Mensch erkennt in seinem Tun und Erleben einen Sinn. Diese erkannte Sinnhaftigkeit lässt das Engagement und den Einsatz für ihn lohnend erscheinen.

Alle drei Komponenten sind für die Bewältigung von Herausforderungen notwendig, wobei Bedeutsamkeit am wichtigsten ist.

Antonovsky glaubte, das Kohärenzgefühl entwickle sich nur bis zum jungen Erwachsenenalter. Neuere Studien zeigen jedoch, dass der Mensch in jedem Alter an seiner Widerstandskraft arbeiten und sein Kohärenzgefühl stärken kann (Bengel et al. 2001).

Das Kohärenzgefühl ist eng mit den Grundbedürfnissen verbunden. Durch Job Crafting können Menschen diese Bedürfnisse besser erfüllen, was ihr Kohärenzgefühl und ihre psychische Gesundheit stärkt.

du kannst sie nicht erkennen und anwenden. Du reagierst dann tendenziell eher starr und wenig beweglich. Bezogen auf deine Arbeit bedeutet das, dass ein stimmiges Umfeld und geeignete Aufgaben deine Widerstandsfähigkeit fördern und dir helfen können, schwierige Situationen besser zu meistern.

Es ist jedoch nicht notwendig, dass du alle Aspekte deines Lebens vollständig verstehst oder bewältigst. Bestimmte Lebensbereiche oder Fragestellungen kannst du beiseitelassen, um anhaltenden Stress, auch Distress genannt, zu vermeiden. Dies ist jedoch nicht möglich, wenn es sich um einen Bereich handelt, in dem du den Großteil deiner Zeit verbringst, wie beispielsweise in deinem Job. In solchen Fällen kann eine Neugestaltung der Bedeutung der Arbeit (kognitives Job Crafting) hilfreich sein. Gelingt diese Umdeutung nicht, kann das eigene Kohärenzgefühl beeinträchtigt werden (Antonovsky 1997; nähere Erklärung siehe Box 5 »Kohärenzgefühl«).

Die psychische Gesundheit des Menschen wird natürlich nicht nur durch das Kohärenzgefühl, sondern auch durch weitere psychologische Grundbedürfnisse beeinflusst, wie Grawe (2004), Deci und Ryan (2010) und andere renommierte Forscher betonen.

Im Rahmen des Job Crafting-Konzepts sind insbesondere das Bedürfnis nach Bindung und Zugehörigkeit, das Bedürfnis nach Kontrolle und Kompetenz sowie das Bedürfnis nach einem positiven Selbstbild von Bedeutung (Wrzesniewski und Dutton 2001; Abbildung 4). Auf diese psychologischen Grundbedürfnisse werden wir im Folgenden noch genauer eingehen.

4 | Übersicht über die psychologischen Grundbedürfnisse

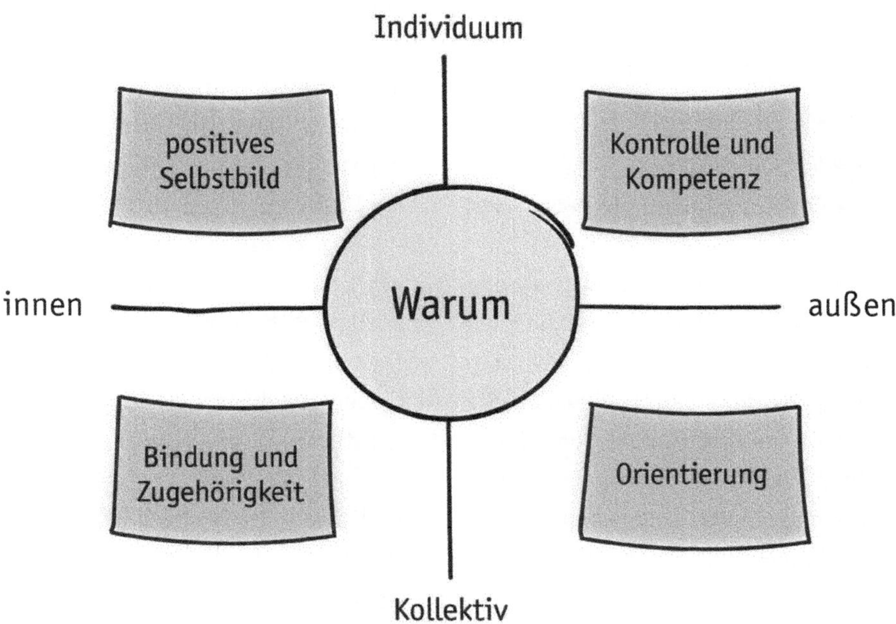

3.1 Bedürfnis nach Bindung und Zugehörigkeit

»Menschliche Beziehungen sind unsere Superkräfte. Gute Beziehungen helfen uns, die unvermeidlichen Herausforderungen des Lebens zu meistern, und sie machen uns glücklicher und gesünder.«

Robert Waldinger, Professor für Psychiatrie, Harvard Medical School

Zwischenmenschliche Beziehungen sind emotionale und soziale Verbindungen, die Menschen in verschiedenen Lebensbereichen (Familie, Freundschaften, Liebesbeziehungen, am Arbeitsplatz) miteinander eingehen. Sie umfassen Aspekte wie Gedanken, Gefühle und Informationen austauschen, Vertrauen zueinander haben, emotionale Unterstützung erhalten und geben, effektive Konfliktlösungsstrategien erlernen und gemeinsame Aktivitäten.

Das Bedürfnis nach Kontakt und Nähe zu anderen Menschen ist ein grundlegendes, tief verwurzeltes und universelles Verlangen. Es ist ebenso essenziell für das Überleben und Wohlbefinden des Menschen wie die Erfüllung der biologischen Bedürfnisse (wie Hunger, Schlaf). Dieses Bedürfnis fördert ein Gefühl der Zugehörigkeit und Sicherheit, stärkt den Selbstwert und ermöglicht, sich innerhalb des sozialen Gefüges individuell zu entfalten.

In der Psychotherapieforschung wurde das Grundbedürfnis nach sozialen Kontakten lange nicht groß thematisiert. Mittlerweile ist es aber sehr gut erforscht und seine beträchtliche Bedeutung für das psychische Wohlbefinden und die mentale Gesundheit des Menschen ist unumstritten (Grawe 2004).

Die »Harvard Study of Adult Development« (Waldinger 2015) hat in der bislang längsten je durchgeführten Langzeitstudie während achtzig Jahren Männer aus unterschiedlichen wirtschaftlichen und sozialen Schichten befragt. Die Männer wurden nicht nur regelmäßig befragt, sondern das Untersuchungsteam hatte auch Zugang zu medizinischen Daten, machte Hausbesuche und interviewte die Lebenspartner der Teilnehmenden.

Es stellte sich heraus, dass nicht Geld und Erfolg die Männer glücklich und gesund machten, sondern gute Beziehungen zur Familie und zu Freunden. Darüber hinaus waren qualitativ gute Beziehungen im Alter von fünfzig der aussagekräftigste Indikator für ein glückliches und gesundes Leben im Alter von achtzig.

Durch Job Crafting habt ihr als Mitarbeitende also die Möglichkeit, nicht nur euer Bedürfnis nach Bindung und Zugehörigkeit zu erfüllen, sondern auch eure Arbeit so zu gestalten, dass der Umfang an sozialen Interaktionen und Teamarbeit für euch jeweils passend ist. Auf diese Weise erhaltet ihr Rückmeldungen über die Auswirkungen und den Wert eurer Arbeit. Das stärkt das Zusammengehörigkeitsgefühl, die Motivation und die Arbeitsleistung erheblich (Berg et al. 2008). Zudem wird euer Bedürfnis nach Wertschätzung und Bestätigung eurer Leistungen durch andere erfüllt. Arbeit erhält die Bedeutung, die dir wichtig ist, und du kannst deine Arbeitsidentität positiv gestalten (Wrzesniewski und Dutton 2001).

3.2 Bedürfnis nach Kontrolle und Kompetenz

»Man kann auf Kontrolle nicht verzichten, wenn man überleben will, wenn man irgendein Bedürfnis befriedigen will.«

Klaus Grawe, deutscher Psychotherapeut

Der Mensch strebt danach, sein Leben – oder genauer gesagt seine Vorstellung von Realität – so zu beeinflussen, dass er seine wichtigen Ziele und Werte verfolgen und erreichen kann. Manchmal gelingt ihm dies, manchmal nicht. Wenn er seine Ziele erreicht, gewinnt er eine positive, wenn nicht, eine negative (Kontroll-)Erfahrung.

Durch beide Fälle entwickelt er im Verlauf seines Lebens eine Grundüberzeugung, ob es sich lohnt, sich für etwas einzusetzen, und inwieweit das Leben für ihn Sinn macht. Das heißt, er entwickelt ein Gefühl von Bedeutsamkeit und gewinnt gleichzeitig an Selbstvertrauen in die eigenen Fähigkeiten. Das sind beides entscheidende Komponenten der Resilienz und des Kohärenzgefühls, die einen erheblichen Einfluss auf die mentale Gesundheit ausüben (siehe Box 4 »Resilienz: die Kunst, Krisen zu meistern« und Box 5 »Kohärenzgefühl«).

Beim Bedürfnis nach Kontrolle und Kompetenz geht es aber nicht nur darum, eine konkrete Situation oder ein bestimmtes Verhalten kontrollieren zu können. In diesem Bedürfnis steckt auch die Sehnsucht, etwas aktiv zu tun, um eigene Ziele zu erreichen sowie sich einen größtmöglichen Handlungsspielraum zu erarbeiten, um damit wichtige Absichten erreichen zu können. Anders ausgedrückt möchte der Mensch erleben, dass er durch sein Handeln tatsächlich bedeutende und gewünschte Ziele erreichen kann. Denn Ziele und Werte sind untrennbar mit dem Bedürfnis nach Kontrolle und Kompetenz verbunden (Grawe 2004).

Mit Job Crafting hast du die Möglichkeit, dein Aufgabengebiet und/oder dein Arbeitsumfeld aus eigenen Kräften so zu verändern und anzupassen, dass es besser zu deinen ganz persönlichen Werten und (Lebens-)Zielen passt. Damit generierst du neue, positive (Kontroll-)Erfahrungen und behandelst gleichzeitig alte, frühere Verletzungen, die durch negative Erfahrungen entstanden sind (Grawe 2004). Deine Stresstoleranz erhöht sich und du kannst besser mit der verbleibenden Ungewissheit umgehen (Wrzesniewski und Dutton 2001).

Die wichtigste Voraussetzung dazu ist die Fähigkeit, einen (kognitiven) Überblick über die eigene Situation zu haben. Das bedeutet Orientierung. Damit verstehst du nicht nur besser, was geschieht (Verstehbarkeit ist ein Teil des Kohärenzgefühls; siehe Box 5 »Kohärenzgefühl«), sondern stärkst auch das Gefühl, Dinge und Situationen vorhersehen und kontrollieren zu können oder sich zumindest einen Überblick zu verschaffen. Das wiederum hat einen positiven Einfluss auf das eigene Wohlbefinden und die eigene Selbstwirksamkeit (Grawe 2004).

Wenn jedoch die Wahrnehmung zeigt, dass die Realität nicht mit den angestrebten Zielen, Erwartungen oder Überzeugungen übereinstimmt, kann dies zu Stress führen. Die Stärke des Stressempfindens hängt davon ab, welche Bedeutung du einer Situation zubilligst, und diese Bedeutung wiederum hängt von deinen Zielen, deinen Werten und deinen Überzeugungen ab (Grawe 2004).

3.3 Bedürfnis nach einem positiven Selbstbild

»Die Menschen wollen sich gut fühlen. Sie wollen glauben, dass sie kompetent, würdig und von andern geliebt sind.«

Jonathon D. Brown, US-amerikanischer Sozialpsychologe

Ein wichtiger Antreiber für Job Crafting ist das Bedürfnis nach einem positiven Selbstbild (Wrzesniewski und Dutton 2001). Im Laufe des Lebens entwickeln wir alle ein Bild über uns selbst. Daraus ergeben sich grundlegende Fragen, die unsere Selbstwahrnehmung und Identität betreffen. Wer bin ich? Was sind meine Stärken und Schwächen? Wie sehe ich mich im Vergleich mit anderen? Was sind meine Ziele und Werte? Wie gehe ich mit Herausforderungen und Rückschlägen um? Wie offen bin ich für Veränderungen?

Jeder Mensch sehnt sich danach, positiv wahrgenommen zu werden und etwas »wert« zu sein. Diese Sehnsucht treibt uns an. Wir wollen unser Selbstbild stärken und unseren Selbstwert steigern, gleichzeitig versuchen wir, uns vor Verletzungen zu schützen.

Die Entwicklung unseres Selbstwertes ist eng mit unserem Bedürfnis nach Beziehung verbunden. Dies zeigt sich besonders deutlich bei Kindern. In ihrer frühen Entwicklung sind sie vollständig auf ihre Bezugspersonen angewiesen. Wenn diese nicht oder nur unzureichend in der Lage sind, die Grundbedürfnisse des Kindes zu erfüllen, kann das dazu führen, dass das Kind sich in zwei möglichen Szenarien wiederfindet. Es könnte zum Schluss kommen: »Ich bin gut und meine Eltern schlecht«, oder: »Ich bin schlecht und meine Eltern sind gut«. In seiner Abhängigkeit tendiert es jedoch eher dazu, sich selbst abzuwerten, um zumindest eine Bezugsperson zu haben, anstatt sich alleingelassen zu fühlen (Grawe 2004). Unsere ersten Erfahrungen in Beziehungen prägen also maßgeblich unser Selbstwertgefühl: Wir fühlen uns wertvoll, wenn sich jemand um uns kümmert. Das gilt sehr oft auch später als erwachsene Person noch.

Das Selbstbild ist aber nicht nur geprägt von individuellen Lebenserfahrungen, sondern auch von Bewertungen – eigenen wie fremden – und von kulturellen und gesellschaftlichen Einflüssen (was ist wünschenswert oder akzeptabel). Es enthält also alle Überzeugungen, Gedanken und Gefühle über uns selbst sowie die Vorstellungen darüber, wie wir sein möchten oder meinen, sein zu müssen. Es ist ein dynamisches Konzept, das sich kontinuierlich weiterentwickelt und durch neue Erfahrungen und Erkenntnisse geformt wird.

Wertschätzung von außen, sei es von Eltern, Freunden, Arbeitskollegen oder Vorgesetzten, stärkt unser Selbstwertgefühl, während ständige Kritik und Abwertung es negativ beeinflussen können. Wenn es einer Person gelingt, ihr Selbstbild durch solche positiven Erfahrungen zu festigen, zeigt sie in der Regel mehr Selbstvertrauen, kann ihre Stärken und Schwächen realistischer einschätzen und ist eher bereit, sich neuen Herausforderungen zu stellen, als jemand mit einem negativ geprägten Selbstbild.

In diesem Zusammenhang spielt das Konzept des Job Crafting eine entscheidende Rolle für die mentale Gesundheit. Indem Job Crafting den Mitarbeitenden ermöglicht, ihre Arbeit so zu gestalten, dass sie besser zu ihrem Selbstkonzept passt, stärkt es ihr Selbstwertgefühl und ihre Selbstwirksamkeit. Auf diese Weise tragen die Mitarbeitenden aktiv zur Stärkung ihrer Resilienz bei.

Diese Erkenntnisse stimmen mit den Studien von Niessen et al. (2016) überein, die darauf hinweisen, dass das Streben nach einem positiven Selbstbild am Arbeitsplatz der Hauptantrieb für Job Crafting ist (Meier 2020). Insgesamt können also die psychischen Grundbedürfnisse als treibende Kraft hinter Job Crafting betrachtet werden.

Wie gestaltest du Arbeitsinhalte nach psychologischen Grundbedürfnissen? Gestaltungsfelder des Job Crafting

Es gibt verschiedene Gestaltungsfelder von Job Crafting. So wie sich die Arbeitsverhältnisse und der Fokus der persönlichen Bedürfnisse nach Kontrolle, Selbstbild und Beziehung voneinander unterscheiden, so unterscheiden sich die Erwartungen an die Arbeit. (Demerouti 2014). Während die eine Person persönliche Beziehungen am Arbeitsplatz oder Wertschätzung einfordert, wünschen sich andere mehr Autonomie in der Abfolge der Tätigkeiten, um Kontrolle im Arbeitsbereich zu erlangen (Exenberger 2023).

Um diese verschiedenen Formen aus einer Metasicht erfassen zu können, führen wir dich zuerst in das Modell der vier Quadranten ein, das einen Teil der integralen Theorie von Ken Wilber (1996, 2001) ausmacht. Dieses Modell wird dich auch dabei unterstützen, bei der Umsetzung deines Job Crafting keinen Aspekt außer acht zu lassen.

4.1 Einführung Theorie der Quadranten

Viele Theoretiker suchen ein umfassendes Modell, das Verhalten von Menschen, Organisationen und Gesellschaft beinhaltet. Mit der Theorie der Quadranten ist es Wilber (1996, 2001) gelungen, genau so ein Modell zu entwickeln. Darin gibt es vier Möglichkeiten oder Perspektiven, eine Situation oder einen Kontext zu erfassen, wobei keine dieser Perspektiven »richtig« ist. Jede Sichtweise setzt sich aus zwei Eigenschaften zusammen (Abbildung 5):

- individuell – kollektiv
- Inneres – Äußeres

Die vier Quadranten stellen die vier grundlegenden Sichtweisen dar, die ein Mensch einnehmen kann. Je mehr Perspektiven er einnehmen kann, desto mehr Informationen erhält er über eine bestimmte Situation. Das erlaubt ihm, den Kontext besser einzuschätzen und ganzheitlicher, flexibler und verständnisvoller zu handeln.

5 | Übersicht der vier Quadranten und Räume

nach Wilber (1996, 2001)

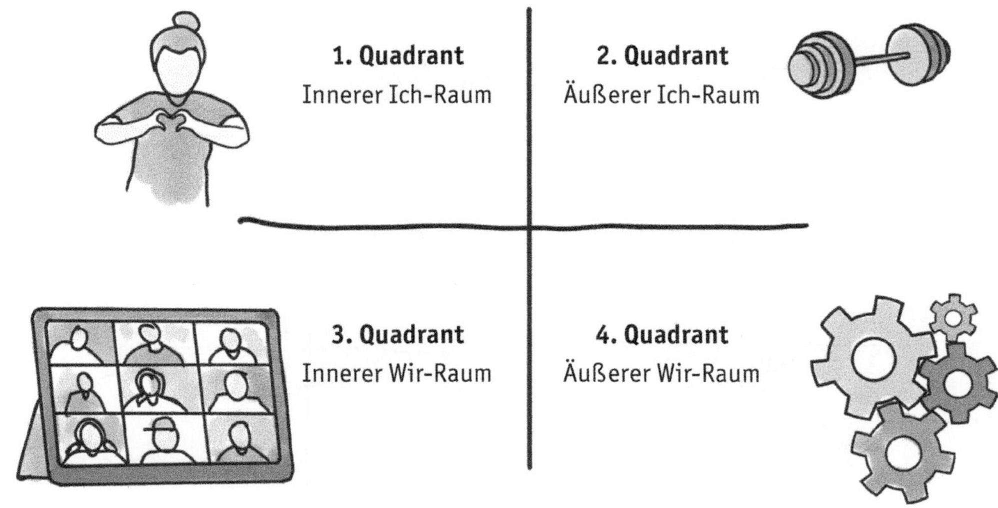

Die Quadranten stehen aber nicht allein, sondern beeinflussen sich gegenseitig. Das »Ich« beeinflusst das »Wir«, das »Wir« das »Ich«, der »Innere Raum« beeinflusst den »Äußeren Raum« und umgekehrt. Du kannst eine Sache grundsätzlich immer aus vier Perspektiven betrachten (linkes Bild in Abbildung 6) oder aber ein Thema aus vier verschiedenen Blickwinkeln beleuchten (rechtes Bild in Abbildung 6).

Im Folgenden werden wir die Quadranten erläutern (Divine 2009, Kuhlmann und Horn 2020, Wilber 1996, 2001):

6 | Vier Perspektiven

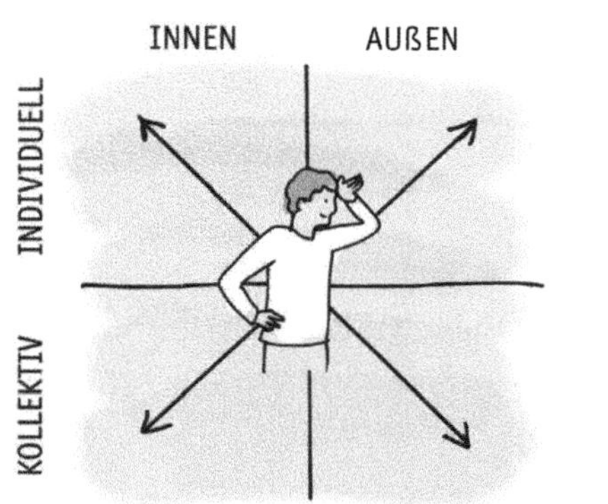

Vier Sichtweisen aus der individuellen Erfahrung

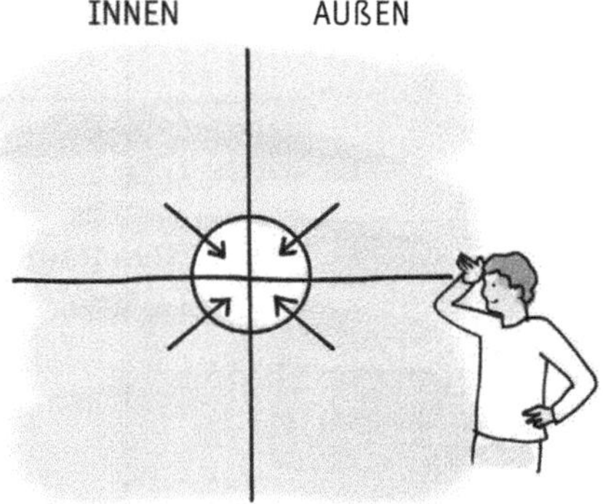

Vier Sichtweisen auf ein Thema

1. Quadrant: »Innerer Ich-Raum«

Der »Innere Ich-Raum« beschreibt das Innere eines Menschen, das von außen nicht direkt beobachtbar oder messbar ist. Im »Inneren Ich-Raum« befinden sich sowohl die Gefühls- und Gedankenwelt einer Person als auch Werte, innere Bedürfnisse und Visionen. Von außen können Rückschlüsse auf die Gefühlswelt anhand der Mimik einer Person gezogen werden. Was im Innern vorgeht, ist jedoch nicht ersichtlich und es bleibt ein Interpretieren und Spekulieren. Um ein genaues Bild über die Gefühlslage zu bekommen, muss nachgefragt werden. Je nach Entwicklungskontext der Person hat diese eine unterschiedliche Bandbreite an Gefühlsausdrücken, mit denen sie über ihre Gefühle berichten kann. Zum Beispiel kann ein Kind schreien und drückt somit seine Wut oder seinen Frust aus, während ein Erwachsener sich spezifischer ausdrücken kann: »Wir wollten um neun Uhr mit der Arbeit beginnen. Jetzt ist es halb zehn. Ich bin verärgert, da ich seit einer halben Stunde auf dich warte«. Mit etwas Übung sollte eine durchschnittliche erwachsene Person ungefähre Auskunft über den bewussten Teil des Ich-Raums geben können. Diese Fähigkeiten werden auch »intrapersonale« Kompetenzen genannt. Um die verschiedenen Gefühle und Bedürfnisse zu unterscheiden, kann die Theorie der gewaltfreien Kommunikation sehr hilfreich sein (siehe Box 6 »Gewaltfreie Kommunikation nach Rosenberg«).

Menschen, die stark im »Inneren Ich-Raum« leben, haben eine gute Verbindung zu ihren Gefühlen, Bedürfnissen und Gedanken. Eine Person, die sich für einen Entscheid auf das innere Gefühl verlässt, kommuniziert nach außen: »Ich entscheide mich für dieses Angebot, weil es sich stimmig anfühlt«. In einer anderen Situation zieht sich eine Führungsperson vielleicht vor einer großen Entscheidung zurück, um in Ruhe die verschiedenen Lösungsmöglichkeiten in ihrem Innern anzuschauen und die Konsequenzen abzuwägen.

Box 6 – **Gewaltfreie Kommunikation nach Rosenberg**

Die Theorie der gewaltfreien Kommunikation von Marshall Rosenberg ist ein Kommunikations- und Konfliktlösungsprozess, der darauf abzielt, Beziehungen durch einfühlsames Zuhören und ehrliches Mitteilen zu verbessern. Sie konzentriert sich auf vier wesentliche Schritte:

Beobachtung: Objektive Beschreibung ohne Bewertung. Beispiel: »Sie sind in der letzten Woche Ihren Aufgaben nicht nachgekommen.«

Emotion: Äußerung, welche Gefühle durch die Beobachtung ausgelöst werden. Beispiel: »Ich fühle mich frustriert.«

Bedürfnis: Mitteilung der Bedürfnisse, die hinter der Emotion stehen. Beispiel: »Als Teamleiter ist mir Verlässlichkeit in unserem Team wichtig.«

Bitte: Formulierung einer konkreten Bitte, um das Bedürfnis zu erfüllen. Beispiel: »Könnten wir gemeinsam über mögliche Anpassungen sprechen, damit Sie Ihre Aufgaben termingerecht erledigen können?« Der Zugang zu den eigenen Gefühlen ist dabei essenziell. Rosenberg unterscheidet zwischen echten und unechten Gefühlen. Letztere entstehen durch eigene Annahme, Wertung oder Interpretation einer Situation.

Angenehme Gefühle
- zufrieden
- dankbar
- inspiriert
- begeistert

Unerfüllte Gefühle
- verzweifelt
- zornig
- erschöpft
- allein

Unechte Gefühle
- beleidigt
- betrogen
- übergangen
- unbedeutend

Es ist wichtig, die eigenen Bedürfnisse zu kennen. Neben den Grundbedürfnissen (Kapitel 3) gibt es abhängig von Prägung und sozialem Kontext viele weitere Bedürfnisse wie Harmonie, Autonomie, Klarheit, Verlässlichkeit, Ehrlichkeit.

Der Zugang zum inneren Raum ist sehr wichtig und hilft uns, mit den eigenen Energien zu haushalten. Vor allem in der heutigen Arbeitswelt, in der ein hoher Zeitdruck und eine kontinuierliche Erreichbarkeit herrschen, ist der Zugang zu den eigenen Gefühlen und Bedürfnissen essenziell. Denn oft können aus Zeitdruck nicht alle Informationen zusammengetragen werden. Was dann zählt, ist die Intuition. Nach Wiseman (2004) treffen glückliche Menschen Entscheidungen, indem sie auf ihre Intuition hören. Unter Intuition verstehen wir ein erahnendes, unmittelbares Erfassen eines komplexen Zustandes, das nicht über die Kognition möglich ist. In diesem Kontext schreibt Busch (2022) in seinem Buch über Serendipität, dass erfolgreiche Führungskräfte einen bewussten Zugang zum ›Innern Ich-Raum‹ haben, welchen sie für Entscheidungen gezielt nutzen. Nach Busch hat auch ein CEO keinen Zugang zur magischen Glaskugel, in welcher er die genaue Zukunft mit allen Möglichkeiten sieht.

Zusammengefasst: In den »Inneren Ich-Raum« gehört alles, was unsere persönliche Identität ausmacht – Gedanken, Erfahrungen, Emotionen, Werte, Einstellungen und unsere Visionen.

2. Quadrant: »Äußerer Ich-Raum«

Der obere rechte Ich-Raum beinhaltet alles Beobachtbare beim Individuum. Das sind der physische, biologische, neurologische, bioenergetische Körper, die messbare Leistung, das Verhalten, die Fähigkeiten und Kompetenzen. In diesem Quadranten wird der Schlaf gemessen, der Herzrhythmus, das Blut oder die Atemfrequenz, um etwas über den Gesundheitszustand zu erfahren. Da der innere und der äußere Körper eng verbunden sind, ist es in einem vollen Geschäftsalltag essenziell, dass du auf die Bedürfnisse deines Körpers eingehst. Denn diese werden in unserer stark von Gedanken und Verstand gesteuerten Gesellschaft oft vernachlässigt, weil davon ausgegangen wird, dass der Körper funktioniert (Barrueto und Wenger 2024). Deshalb ist es wichtig, dass du, bevor du Symptome von Stress oder einer Krankheit erfährst, dich auch mit den physiologischen Bedürfnissen des Körpers auseinandersetzt.

Die grundlegendsten physiologischen Bedürfnisse sind frische Luft zum Atmen, genügend Wasser, eine ausgewogene Ernährung, genügend Schlaf, Bewegung und Sexualität. Wenn du auf diese Bedürfnisse achtest, steigt deine Resilienz und du wirst entspannter durch herausfordernde Situationen kommen. Gleichzeitig sinkt dein Risiko für Stress, Disstress und Burn-out (siehe Box 10 »Burn-out«).

In diesen Quadranten fällt auch die Impulskontrolle. Unter Impulskontrolle verstehen wir die Fähigkeit, Impulse wie Wut, Frustration, Ungeduld, aber auch Lust auf Schokolade, ein paar neue Schuhe oder anderweitige Kauflust zu kontrollieren. Nach Stein und Book (2011) ist die Impulskontrolle ein Indiz für bessere Gesundheit, soziale Fähigkeiten und finanziellen Erfolg. Im Unternehmenskontext hilft dir das Kontrollieren deiner Impulse beim Umgang mit einem kritischen, anspruchsvollen Klienten, bei einer Verhandlung für ein großes Projekt oder schlichtweg beim aktiven Zuhören in einem Teammeeting, wenn ein Mitarbeiter eine Idee präsentiert.

Eine Person, die aus dem »Äußeren Ich-Raum« agiert, hat oft viel Energie. Sie ist ein »Macher«. Statt lange zu planen, führt sie lieber aus und mag es, in einem agilen Kontext zu arbeiten. Ganz nach dem Prinzip: eine kurze Designphase, Prototypen erstellen, testen und verbessern. Menschen mit einem starken äußeren Ich-Quadranten können die Handlungsgeschwindigkeit den Umständen anpassen und haben generell mehr Ideen, als sie je umsetzen können. Sie entscheiden sich aufgrund von Fakten für ein Training: »Ich mache das Training, weil ich es durch meine Firma kostengünstig bekomme« oder »Es hat sich gezeigt, dass dieser Anbieter die meisten Empfehlungen für das Thema schweizweit hat«.

Zusammengefasst: Der »Äußere Ich-Raum« beinhaltet alles, was von außen beobachtbar ist. Dazu gehören die Verhaltensweise, körperliche Ausdrucksarten wie Mimik oder Gestik, Fähigkeiten, Schnelligkeit und Wissen. Dieser Raum ist in den meisten Unternehmen akzeptiert und gut vertreten. Trainings- und kompetenzerweiternde Workshops sind an der Tagesordnung und werden gern besucht.

3. Quadrant: »Innerer Wir-Raum«

Der »Innere Wir-Raum« beschreibt die innere Verbindung zwischen Menschen. Dazu gehören Beziehungen, geteilte Werte und Sprache sowie ungeschriebene Regeln, die sich einem Außenstehenden zunächst nicht offenbaren. Denn jede Kultur, jede Gruppe und jede Familie hat ihre Art, etwas zu tun. Diese ist wie im Ich-Raum nicht direkt beobachtbar. Im Organisationskontext heißt das, dass ein Berater oder eine neue Mitarbeiterin sich zuerst ein Bild machen muss, wie gearbeitet, gesprochen und sich verhalten wird. Hilfreich ist es, nachzufragen.

Kinder sind Meister im Nachahmen sowohl in der Mimik, der Sprache als auch im Verhalten. Ohne diese Fähigkeit wäre es Menschen nicht möglich, sich zu entwickeln. Diese Kompetenz wird auch »interpersonale« Kompetenz genannt.

Menschen, die im »Inneren Wir-Raum« zu Hause sind, legen großen Wert auf Beziehungen. Ihnen ist Harmonie und das Im-Einklang-Sein mit dem Gegenüber wichtig. Bei Entscheidungen fragen sie die Menschen aus ihrem Umfeld um ihre Meinung. Sie wählen diese aufgrund des Fachwissens, der Erfahrung oder der emotionalen Nähe aus. Konkret könnte das heißen: »Ich entscheide mich für das Training, weil mein Freund das Training bereits absolviert hat und er es mir empfohlen hat«. Im Organisationskontext fühlen sich Menschen mit starkem Fokus auf den »Inneren Wir-Raum« durch eine wettbewerbsorientierte Kultur oft unter Druck gesetzt.

Nach Stein und Book (2011) bringt es dir wenig, wenn du viele Kenntnisse hast, diese aber deinem Team nicht mitteilen kannst. Deshalb haben wir in unseren Beratungen oft sehr intelligente, erfolgreiche Klienten, die aber merken, dass ihre emotionalen und interpersonalen Fähigkeiten gestärkt werden müssen. Zum einen, um besser mit eigenen Emotionen umgehen zu können (Innerer Ich-Raum), zum anderen benötigen diese Klienten ein Training, um mit anderen in Beziehung zu treten. Dazu gehören auch die Fähigkeit, die soziale Umwelt wahrzunehmen, ein Bewusstsein für die nonverbale und verbale Kommunikation, aktives Zuhören und natürlich auch das wissen, wie vor einer Gruppe ein Thema präsentiert werden kann.

Nach Charan und Covlin (1999) ist der Fehler von nicht erfolgreichen CEOs, dass sie die Strategie stärker als die Menschen gewichten. Die Autoren schreiben, dass interviewte CEOs sogar sagten: »Ich wusste, dass es ein Problem gab, meine innere Stimme sagte es mir, aber ich habe es ignoriert«. Erfolgreiche CEOs sind dagegen stark in der interpersonalen Intelligenz. Sie sind fähig, Gefühle des Gegenübers zu erkennen, zu verstehen und wertzuschätzen. Darüber hinaus erkennen sie die Wichtigkeit, gute Beziehungen aufzubauen und aufrechtzuerhalten.

Zusammengefasst: In den »Inneren Wir-Raum« gehören »wir« und damit verbunden die gefühlte Zugehörigkeit zu einer Gruppe, einem Team, einem Unternehmen oder der Gesellschaft. Jedes »Wir« ist geprägt von einer entsprechenden Kultur, welche die Sprache, Sitten, Verhaltensmuster, Regeln und Werte beinhaltet.

4. Quadrant: »Äußerer Wir-Raum«

Dieser Raum beinhaltet die Umwelt, Systeme, Regeln oder Technologien. Es geht hier um Strukturen und Prozesse, Forschung und Kontext, das Sichtbare einer Kultur.

Personen, die einen starken rechten Quadranten haben, sind sehr gute Planer. Sie sehen das Gesamtbild und legen sich eine Übersicht oder Karte als mentale Hilfe an. Sie machen sich vor einer Entscheidung einen Überblick über das größere Bild und ordnen das Resultat ihrer Entscheidung in den Kontext ein. Je nach Situation erarbeiten sie sich ein System von Fakten, anhand derer sie sich zum Schluss entscheiden. Ihnen fällt es leicht, eine Struktur zu bestimmen und sich danach zu verhalten.

Ihre Argumentation könnte wie folgt tönen: »Ich mache das Training, damit ich die Firma unterstützen kann, in Zukunft die Abläufe, Prozesse und Strukturen besser in den Umweltkontext einzubetten«.

In den äußeren Wir-Raum gehören Systeme. Die Systemtheorie beschreibt, dass komplexe Systeme aus einer Vielzahl von miteinander verbundenen und interagierenden Teilen, Entitäten oder Agenten bestehen (Barrueto und Wenger 2024). In einem komplexen System einer Organisation geht es zum Beispiel um die Firma, den Menschen, die Örtlichkeit und den Kunden. Zur Eigenschaft eines Systems gehört, dass es sich nicht vollständig aus den Eigenschaften der Komponenten (Firma, Mensch, Ort, Kunde) erklären lässt, weil es weitere Interaktionen zwischen den verschiedenen Systemen gibt. Wenn ein System ausgeglichen ist, kann es träge werden wie zum Beispiel eine marktführende Firma, die in Schwierigkeiten gerät, weil sie einen neuen Trend komplett verschlafen hat.

Zusammengefasst: Der »Äußere Wir-Raum« beinhaltet die Umwelt und den Kontext, in dem wir leben. Dazu gehören die Rahmenbedingungen, Strukturen und Regeln, die für unsere Systeme wichtig sind und das Zusammenleben oder die Zusammenarbeit zielgerichtet und effektiv regeln.

7 | Übersicht der Perspektiven der Quadranten

nach Divine (2009)

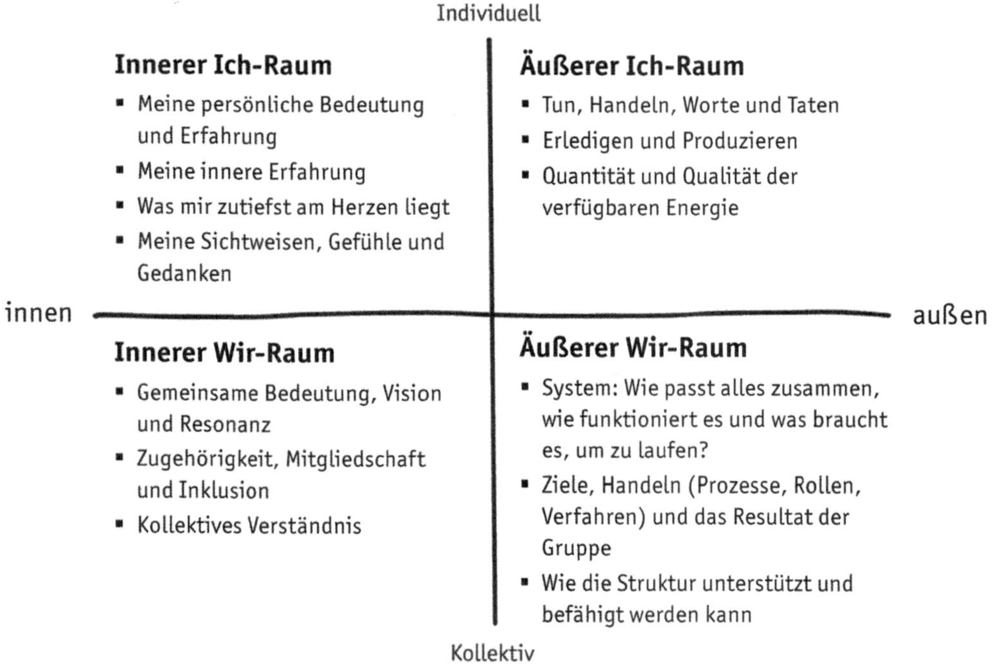

Individuell

innen — außen

Innerer Ich-Raum

- Meine persönliche Bedeutung und Erfahrung
- Meine innere Erfahrung
- Was mir zutiefst am Herzen liegt
- Meine Sichtweisen, Gefühle und Gedanken

Äußerer Ich-Raum

- Tun, Handeln, Worte und Taten
- Erledigen und Produzieren
- Quantität und Qualität der verfügbaren Energie

Innerer Wir-Raum

- Gemeinsame Bedeutung, Vision und Resonanz
- Zugehörigkeit, Mitgliedschaft und Inklusion
- Kollektives Verständnis

Äußerer Wir-Raum

- System: Wie passt alles zusammen, wie funktioniert es und was braucht es, um zu laufen?
- Ziele, Handeln (Prozesse, Rollen, Verfahren) und das Resultat der Gruppe
- Wie die Struktur unterstützt und befähigt werden kann

Kollektiv

Wie du in Abbildung 7 sehen kannst, besitzt jeder Quadrant seine Wichtigkeit. Gleichzeitig haben die meisten Menschen eine klare Tendenz, die Welt aus einem bevorzugten (oder zwei bevorzugten) Quadranten zu sehen, während ein Quadrant sie klar abstößt. Im Unternehmenskontext wird der Fokus hauptsächlich auf die zwei rechten Quadranten gelegt. Das Modell lädt ein, das Leben ganzheitlicher aus allen vier Perspektiven heraus zu betrachten, unabhängig davon, ob im Fokus ein Individuum, die Zusammenarbeit oder die ganze Organisation steht. Es will dazu genutzt werden, sich der fehlenden Perspektiven bewusst zu werden, damit diese inkludiert werden können.

Wie bei Hoffmann und Barrueto (2023) beschrieben, ist es wichtig zu erkennen, dass Menschen und Organisationen eine Tendenz zur Einseitigkeit haben und sie dazu neigen, die Welt durch ihre Lieblingsbrille zu betrachten und zu analysieren.

Zum Beispiel würde eine Analyse eines Change Managements mit dem Fokus auf dem »Inneren Ich-Raum« hauptsächlich Coaching und Reflexionsangebote offerieren. Würde die Analyse aus dem »Inneren Wir-Raum« kommen, läge der Fokus auf gruppendynamischen Prozessen wie Kommunikation oder Teamentwicklung. Das Angebot, das aus dem »Äußeren Ich-Raum« kommt, wäre ein Trainingsangebot mit dem Fokus auf Kompetenzen, und ein Angebot aus dem »Äußeren Wir-Raum« wäre voller Ideen, wie neue Regeln, Strukturen und Prozesse eingeführt werden könnten. Mit diesem Beispiel wird deutlich, dass auch das Job Crafting aus allen vier Perspektiven gleichermaßen angeschaut werden sollte, damit es erfolgreich sein Potenzial entfalten kann (siehe Abbildung 8 auf der folgenden Seite).

Im Kontext dieses Buches nutzen wir das Modell der vier Quadranten, um Job Crafting aus allen vier Dimensionen anzuschauen und somit die vier Perspektiven zu berücksichtigen. In ihrer Forschung verdeutlichen Dutton und Wrzesniewski (2021), dass Menschen ihre Arbeit auf

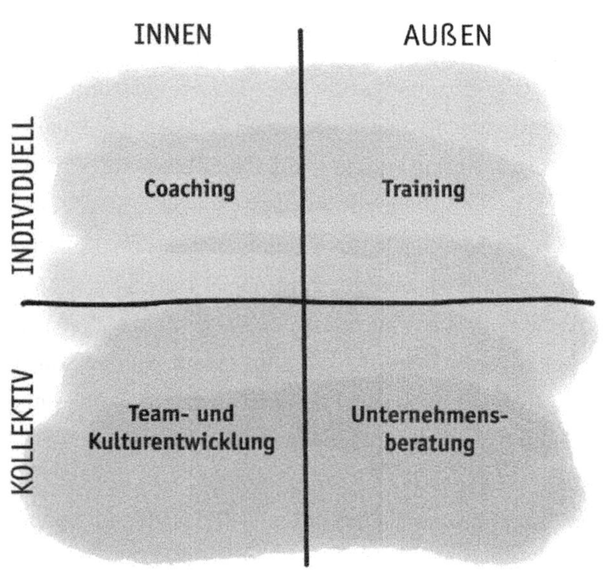

drei unterschiedliche Arten gestalten: die Gestaltung des Arbeitsinhalts, die Gestaltung der Beziehungen und die Gestaltung der mentalen Einstellung zur Arbeit. Die Forschungsresultate von Tims et al. (2021) streichen zusätzliche Facetten von Job Crafting heraus, nämlich die Arbeitsbelastung und die Arbeitsressourcen. Diese lassen sich je nach Inhalt verschiedenen Quadranten zuordnen (Abbildung 9). In den kommenden Kapiteln werden wir detaillierter auf diese Aspekte eingehen.

⇉ 9 | Job Crafting und Quadranten ⇇

	Innerer Raum	Äußerer Raum
Individuell	**Kognitive Gestaltung** ▪ Veränderungen, wie die Arbeit wahrgenommen wird, ▪ Verringerung von hindernden Arbeitsanforderungen, um sicherzustellen, dass die Arbeit mental oder emotional weniger intensiv ist.	**Aufgabengestaltung** ▪ Aufgaben delegieren, ▪ Veränderung des Umfangs, der Menge oder der Art der Arbeit, ▪ Handlungsspielraum durch Entwickeln relevanter Kompetenzen erhöhen, ▪ Belastungen reduzieren, ▪ Steigerung der jobbezogenen Herausforderungen.
Kollektiv	**Beziehungsgestaltung** ▪ Veränderung der Qualität oder Quantität von sozialen Interaktionen, ▪ Erhöhung von sozialen Arbeitsressourcen wie Coaching oder Supervision, ▪ Mitarbeiter um Unterstützung anfragen.	**Prozessgestaltung** ▪ Leitlinien Job Crafting, ▪ Strukturen und Prozesse, die Job Crafting unterstützen, ▪ Aufwertung der strukturellen Arbeitsressourcen, ▪ Verbesserung von Arbeitsbedingungen, ▪ Arbeitsumgebung (wie Licht, passende Ergonomie, Luft, Wärme, Lärmpegel, Störungen).

4.2 Die mentale Ebene: Wie sehe ich mich und meine Arbeit?

»Alles, was wir tun und uns erträumen können, können wir beginnen.«

Johann Wolfgang von Goethe,
deutscher Dichter, Politiker und Naturforscher

Wie du deine Arbeit erlebst, hängt stark mit deinen individuellen Haltungen und Wahrnehmungen zusammen. Der wichtigste Punkt hierbei ist, dass Arbeit auf der mentalen Ebene umgestaltet werden kann, ohne dass Arbeitsinhalte sich ändern müssen. Diese kognitive Umgestaltung der Arbeit ist äußerst wirkungsvoll und beschreibt, wie Menschen verschiedene Aspekte ihrer Aufgaben neu interpretieren können. Sie spielt eine zentrale, herausragende Rolle im Job Crafting, da es nicht immer möglich ist, die Aufgabeninhalte anzupassen oder die Arbeitsbeziehungen individuell neu zu gestalten.

Wrzesniewski und Dutton (2001) definieren kognitives Job Crafting als mentale Veränderungen, die Individuen an der Aufgabe oder den Beziehungen in ihrer Arbeit vornehmen. Die Mitarbeiter kommen also zu einer anderen Wahrnehmung ihrer Arbeit, um dieser mehr Sinn zu geben (Slemp und Vella-Brodrick 2014). Wohlgemerkt: Der Sinn der Arbeit besteht oft auch in der Notwendigkeit, Geld zu verdienen.

Das kognitive Job Crafting ermöglicht allen Mitarbeitenden, bewusst und kontinuierlich den Einfluss ihrer Arbeit auf sich selbst zu evaluieren und gegebenenfalls ihre Haltung anzupassen. Gleichzeitig erfahren die Mitarbeitenden, wie stark sie sich mit ihrer Arbeit verbunden fühlen. Diese Art von Job Crafting konzentriert sich auf die psychologische Dimension, in welcher der Mensch die Grenzen seiner Arbeit verändern kann, ohne dass sich die tatsächlichen Aufgaben verändern (Wrzesniewski und Dutton 2001).

Jürg, siebenundvierzig Jahre, Reaktorfahrer in einem Atomkraftwerk

Ein Beispiel ist die Arbeit von Jürg in einem Atomkraftwerk. In seinem Beruf müssen das Protokoll genaustens befolgt, die Anlage bedient und die betrieblichen Vorgänge sowie Abläufe überwacht und gesteuert werden. Es geht um die Sicherheit der Menschen und der Umwelt. Ein kleiner Fehler kann sich desaströs auswirken.

Statt sich von der Einseitigkeit und dem klaren Ablauf seiner Arbeit stören zu lassen, kann er kognitiv seine Einstellung dazu anpassen. Er und seine Kollegen übernehmen die Verantwortung für alle Menschen und die Umwelt, die von einem Fehler betroffen wären. Er ist der Erste, der die Alarmlampen sehen und sofort reagieren könnte (und auch müsste), damit es zu keiner Katastrophe kommt. Damit ist seine Arbeit sehr wichtig.

Jürg hat uns erzählt, dass ihm seine Arbeit teilweise nicht mehr gefiel. Seine Frau inspirierte ihn dazu, jeden Tag drei Dinge aufzuschreiben, für die er bei seiner Arbeit dankbar war. Dadurch habe sich sein Fokus verändert. Er fühle sich nun deutlich erfüllter. Diese positive Veränderung wirke sich auch auf sein Team, seine Familie und seine Freunde aus, obwohl sich seine Aufgaben kaum verändert hätten.

Eine positive Einstellung kann geübt werden und ist mit Dankbarkeit verbunden (siehe Box 7 »Dankbarkeit«). Der bewusste Umgang mit einer positiven Einstellung ist Teil der kognitiven Arbeitsgestaltung.

Unserer Erfahrung nach geht das kognitive Job Crafting dem eher verhaltensbezogenen Aufgaben-Crafting voraus. Das kann unter anderem daran liegen, dass kognitives Crafting direkt umgesetzt werden kann und dementsprechend weniger Aufwand erfordert als die verhaltensorientierten Aktivitäten des Aufgaben-Crafting oder Veränderungen im Bereich der zwischenmenschlichen Beziehungen und des sozialen Umfelds (Slemp und Vella-Brodrick 2013).

Box 7 – **Dankbarkeit**

Dankbarkeit ist eine kraftvolle und wichtige Grundlage für den gesellschaftlichen Zusammenhalt (Willberg 2018). In einer Gesellschaft, die Dankbarkeit praktiziert, erleben die Menschen eine gemeinsame Verpflichtung und Verantwortung für ihr Tun. Diese Dankbarkeit fühlt sich gut an und wirkt positiv. Fehlt Dankbarkeit, nimmt auch die Wertschätzung ab. Wertschätzung spielt ebenfalls eine wichtige Rolle in unserer Gesellschaft. Willberg (2018) schreibt: »Der Mensch ist zufrieden, wenn er eine Dienstleistung erhalten hat, die das ausgegebene Geld wert war.« Dankbarkeit ist eine zusätzliche Rückmeldung. Hast du schon einmal eine Rückmeldung erhalten, dass eine Beratung außerordentlich war oder ein Produkt ein Leben verbessert hat? Das hat dich bestimmt gefreut. Dankbarkeit ist ein wesentlicher Teil der Wertschätzung. Dankbarkeit ist ein Forschungsschwerpunkt in der positiven Psychologie. Emmons und McCullough (2003) haben gezeigt, dass die einfache Praxis, sich täglich drei positive Sachen bewusst zu machen und diese entweder aufzuschreiben oder mit jemandem zu teilen, positive emotionale und zwischenmenschliche Veränderungen bewirken kann. Probiere es aus!

In diesem Sinne:

Sehr geschätzte Leserin, sehr geschätzter Leser,

herzlichen Dank für dein Interesse am Thema »Job Crafting«. Wir schätzen deine Zeit und hoffen, dass dir die Lektüre dabei hilft, einen Job entsprechend deinen Bedürfnissen zu gestalten, oder dass du Mitarbeitende und Klienten besser unterstützen kannst, ein erfülltes Arbeitsleben zu kreieren.

Mit herzlichen Grüßen, die Autorinnen

Zusammengefasst: Unter dem kognitiven Crafting verstehen wir eine Veränderung der inneren Einstellung der Arbeit gegenüber durch das Konstruieren einer höheren Sinnhaftigkeit (»Ich sorge dafür, dass die Bevölkerung sicher ist«) oder das Bewusstwerden, warum eine Arbeit ausgeführt wird (»Ich arbeite, um meine Familie zu ernähren und um meinen Kindern eine gute Ausbildung zu ermöglichen«).

4.3 Die soziale Ebene: Wie gestalte ich Arbeitsbeziehungen?

Die Beziehungsgestaltung (auf Englisch »social« oder »relational job crafting«) beschreibt das Job Crafting im unteren linken Quadranten (siehe Abbildung 9). Laut Wrzesniewski und Dutton (2001) gehört die Veränderung der Qualität oder der Menge an Interaktionen mit anderen bei der Arbeit dazu. Es geht hier also um die Beziehung zwischen den Mitarbeitenden und die Änderung der arbeitsbezogenen Interaktionen.

Nehmen wir Jürg, den Reaktorfahrer: In seinem Team arbeiten acht Personen gleichzeitig. In dieser konkreten Situation ist es von großer Bedeutung, dass sie eine lebendige, aufrichtige Beziehung zueinander pflegen. Diese Beziehung bildet nämlich die Grundlage für Vertrauen und eine effektive Kommunikation. Darüber hinaus trägt sie dazu bei, die eher monotonen und genau vorgegebenen Aufgaben aufzulockern, die für einen sicheren und störungsfreien Betrieb des Atomkraftwerkes unerlässlich sind. Für Jürg ist diese Kameradschaft ein wichtiger Teil der Arbeit, der die Arbeitsqualität stark verbessert.

In einem anderen Kontext kann das Reduzieren von Interaktionen jedoch zu einem verbesserten Arbeitserlebnis führen.

Susanna, siebenundvierzig Jahre, Ärztin
Susanna hatte ein Aha-Erlebnis, als sie sich ein zweites Telefon kaufte. Ab diesem Zeitpunkt gab es eine neue Notfallnummer, unter der sie in ihrem Dienst immer erreichbar war. Ihr persönliches Telefon konnte sie nun nachts

oder während der Sprechstunden mit Patienten ausschalten. Sie können sich vorstellen, dass ihr Schlaf sich erheblich verbesserte, da sie nicht mehr durch jede Handynachricht geweckt wurde. Neben der größeren Erholungsphase ermöglichte ihr das zweite Telefon auch, sich besser auf die Arbeit zu konzentrieren. Die Interaktionen wurden nun in festgelegten Zeiträumen gebündelt. Weniger oder fokussiertere soziale Kontakte waren für sie ein wichtiger Schritt zu einem effektiveren und effizienteren Arbeiten, ebenso wie die verbesserten Erholungszeiten, wenn sie zwar auf Abruf, aber ansonsten nicht bei der Arbeit war.

Apropos Unterbrechung bei der Arbeit: Manfred Spitzer berichtet in seinem Buch »Digitale Demenz« vom erschreckenden Einfluss, den Smartphones und die Erreichbarkeit rund um die Uhr auf unser Gehirn, das Lernen und unsere Arbeit haben. Sollte dich das Thema interessieren, findest du unter anderem beim Rat der technischen Ökologie und anderen wissenschaftlich recherchierten Publikationen viele Informationen dazu.

Ob wir nun vom Smartphone oder im Großraumbüro von Kollegen unterbrochen werden, weniger Interaktion kann zu einem spürbar besseren Arbeitsempfinden führen. Wenn die Beschäftigten ihre Kontakte mit anderen Personen intensivieren oder reduzieren, wird das arbeitsbezogene Beziehungsgeflecht nach den eigenen Präferenzen verändert und verbessert somit die wahrgenommene Qualität der Arbeit (Dettmers und Uglanova 2022, Randel et al. 2023).

Zusammengefasst: Ob du nun bewusst dein soziales Netzwerk am Arbeitsplatz erweiterst, um dich mit Menschen zu bestimmten Themen auszutauschen, oder ob du die Teilnahme an einer Arbeitsgruppe zu- oder absagst, beim »beziehungsorientierten Job Crafting« stehen der Mensch und die Beziehungen zu anderen im Fokus.

4.4 Aufgabengestaltung: Was früher die Stellenbeschreibung war

»Einen Vorsprung im Leben hat, wer da anpackt, wo die anderen erst mal reden.«

John F. Kennedy, 35. Präsident der Vereinigten Staaten von Amerika

Die Aufgabengestaltung bezieht sich auf die Aktivitäten und Pflichten einer Arbeit (Dettmers und Uglanova 2022). Bei dieser Art von Job Crafting passt du die Vielfalt oder Begrenztheit deiner Aufgaben an. Das bedeutet, dass du bestimmte Aufgaben entweder teilweise oder vollständig weglassen oder um Elemente erweitern kannst, die du als faszinierend empfindest. Das Ziel ist einfach: Der tägliche Arbeitsalltag wird wieder interessant.

Urs, Mitte dreißig, Lehrer an einer Mittelschule

Urs hatte über die Jahre als Klassenlehrer für seine Schüler immer ein offenes Ohr. Weil ihn neben dem Schulischen auch die persönliche Entwicklung interessierte, machte er eine Weiterbildung zum Coach. Im Austausch mit der Schulleitung erhielt er eine zusätzliche Rolle: Er ist nun einer von zwei Ansprechpartnern für Schüler bei persönlichen Problemen. In persönlichen Gesprächen mit den Schülern entscheidet er dann, ob es für den Schüler sinnvoll ist, mit ihm als Coach über einen gewissen Zeitraum zu arbeiten, oder ob der Schüler bei einem Therapeuten besser aufgehoben wäre. Urs hat auf diese Art sein Aufgabengebiet erweitert, was sowohl von der Schulleitung als auch von den Schülern sehr geschätzt wird.

Neue Arbeitsaufgaben können nämlich sehr motivierend wirken, wie das Modell des Lernprozesses aus der Erlebnispädagogik von Luckner und Nadler (1997) aufzeigt (siehe Box 8 »Modell des Lernprozesses«).

Box 8 – **Modell des Lernprozesses**

Das Drei-Zonen-Modell von Luckner und Nadler (1997) beschreibt den Lernprozess wie folgt:

Komfortzone: Sicherheit, Wohlbefinden, keine Herausforderungen. Nur wenig Lernen ist möglich.

Lernzone: Moderate Herausforderungen, optimale Spannung. Lernen wird gefördert.

Panikzone: Hohe Angst, Stress. Lernen ist blockiert.

Es kann motivierend und vitalisierend sein, eine neue, herausfordernde Aufgabe zu übernehmen. Dafür muss der Mitarbeiter seine Komfortzone verlassen. Wenn die neue Aufgabe machbar erscheint und mit moderaten Herausforderungen verbunden ist, befindet er sich in der Lernzone, wo Wachstum und Lernen stattfinden. Eine erfolgreiche Durchführung löst ein gutes Gefühl aus, das mit persönlichem Wachstum einhergeht (Tims et al. 2013b). Bei zu großem Stress oder Überforderung gelangt er aber in die Panikzone, wo Lernen und Entwicklung blockiert sind.

Wichtiger Hinweis:

- Um aus der Komfortzone zu treten, musst du diese kennen (Schnack et al. 2023). Was brauchst du für die totale Erholung? Was tut dir gut? Wie entspannst du dich?
- Nach einer herausfordernden Aufgabe ist es entscheidend, in die Komfortzone zurückzukehren, um sich zu erholen und die neuen Erfahrungen zu integrieren.

10 | Drei-Zonen-Modell

nach Luckner und Nadler 1997

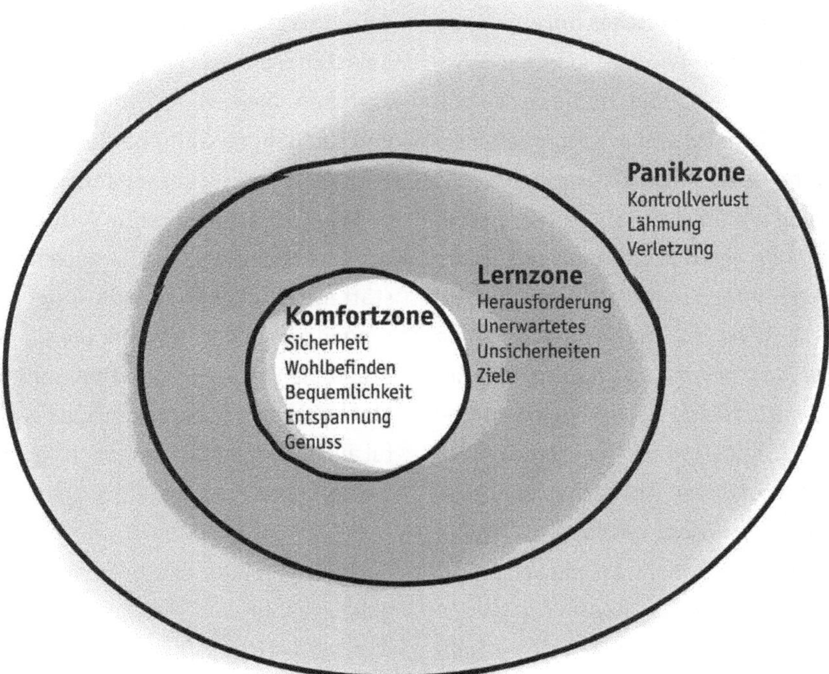

Zur Aufgabengestaltung gehört auch, dass Mitarbeitende auf der gleichen Ebene Aufgaben tauschen oder delegieren dürfen.

Christine, Ende vierzig, mittelständisches Unternehmen
Christines Vorgesetzter nahm unerwartet eine neue Herausforderung an und sie wurde gefragt, ob sie seine Rolle übernehmen möchte. Sie bejahte und wir begleiteten sie die ersten Monate in ihrer neuen Rolle. Weil sie es gewohnt war, alle Zahlungen zu überprüfen, wie sie es bis dahin in ihrer administrativen Rolle getan hatte, machte sie dies auch in der neuen Rolle weiter. Innerhalb kürzester Zeit realisierte sie, dass sie keine Zeit hatte für ihre neuen Aufgaben wie die Führung der Mitarbeitenden, die koordinativen Elemente mit anderen Abteilungsleitern und natürlich den Austausch mit externen Stakeholdern. In einer Sitzung haben wir zusammen ihre Aktivitäten angeschaut und schnell hat sie realisiert, dass sie viele vorherige Aktivitäten weitermacht, obwohl sie diese delegieren sollte. Christine lernte zu entscheiden, welche Tätigkeiten sie in der neuen Rolle beibehalten wollte, weil sie ihr Spaß machten, und welche Aufgaben sie an das Team delegieren musste, damit sie mehr Raum für neue oder andere Herausforderungen schaffen konnte.

Job Crafting bei Tätigkeiten kann auch heißen, dass Belastungen reduziert werden, um zum Beispiel sicherzustellen, dass ein Mitarbeiter allein keine schwierigen Entscheidungen während der Arbeit treffen muss (Tims et al. 2012). Das ist besonders wichtig bei Unternehmen, in denen Entscheide große Auswirkungen haben, wie im Spital, bei der Polizei oder auch in großen Produktionsstätten. Zusätzlich können hindernde Arbeitsanforderungen vermindert werden, um sicherzustellen, dass die Arbeit mental oder emotional weniger intensiv ist. Konkret heißt das, dass zum Beispiel schwierige Fälle im Spital auf alle Pflegefachpersonen verteilt werden und nicht bei der Person landen, die am meisten Erfahrung hat.

Auch die Freiheit, zu entscheiden, wann welche Aufgabe erledigt wird, fällt unter die Aufgabengestaltung von Job Crafting. Diese Freiheit, zu entscheiden, wann

Sitzungen stattfinden, an welchen Tagen Besuche in der Produktionsstätte oder auf der Baustelle stattfinden und wann die Mails beantwortet werden, gibt den Mitarbeitenden einen sehr großen, individuell gestaltbaren Handlungsspielraum.

Seitennotiz: Es gibt auch Mitarbeitende, die mit einem großen Handlungsspielraum nicht zurechtkommen, weil sie nicht wissen, wie sie planen oder entscheiden sollen, was wann gemacht werden muss (mehr darüber im Kapitel 5 »Vor- und Nachteile von Job Crafting«).

Wenn keine dieser Optionen umsetzbar ist, nutze die Möglichkeit, deine Arbeit kognitiv und oder emotional umzudeuten, ähnlich wie der Fotograf in unserem Eingangsbeispiel. Der französische Schriftsteller Antoine de Saint-Exupéry drückt es so aus: »Wenn du ein Schiff bauen willst, trommle nicht Männer zusammen, um Holz zu beschaffen, Aufgaben zu vergeben und die Arbeit einzuteilen, sondern lehre die Männer die Sehnsucht nach dem weiten, endlosen Meer«.

Zusammengefasst: Zur Aufgabengestaltungsebene des Job Crafting gehört, dass du aktiv Aufgaben zu deinem Portfolio hinzufügst oder entfernst. Ferner kannst du aktiv entscheiden, wann du was erledigen möchtest.

4.5 Die systemische Ebene: mit Job Crafting das Umfeld gestalten

Das Job Crafting im unteren rechten Quadranten (siehe Abbildung 9) bezieht sich auf den Arbeitskontext, die Prozesse und die Arbeitsbedingungen. Wrzesniewski und Dutton (2001) waren sich einig, dass Job Crafting in jeder Arbeitsumgebung stattfinden kann. Wir stimmen dem zu, möchten aber Jürg, den Reaktorfahrer, erwähnen, der eine kontextabhängige kleinere Handlungsfreiheit beim Aufgaben-Crafting hat im Vergleich beispielsweise zu einem Marketingexperten in einem Start-up. Während ursprünglich die Gestaltung von Arbeitsfeldern von den Führungskräften und dem Management übernommen wurde, um die übergeordneten Ziele zu erreichen, müssen – oder dürfen – in der modernen Arbeitswelt immer mehr Beschäftigte die Rahmenbedingungen und Merkmale ihrer Arbeit mitgestalten (Dettmers und Mülder 2020). Dadurch erleben die Mitarbeitenden eine erhöhte Autonomie und Eigenverantwortlichkeit. Diese beiden Aspekte sind zentrale Elemente der modernen Arbeitsformen (Wood 2011). Wir werden später auf die Vor- und Nachteile der erhöhten Autonomie und Eigenverantwortlichkeit eingehen (Kapitel 5 »Vor- und Nachteile von Job Crafting«).

Was heißt nun Umfeldgestaltung? In vielen Unternehmen haben die Beschäftigten Spielräume bei den Arbeitszeiten, den Arbeitsorten und den übernommenen Aufgaben sowie der Reihenfolge und Qualität der Bearbeitung (Dettmers und Mülder 2020). In den meisten Unternehmen müssen die Angestellten eine Sollzeit erfüllen. Diese Sollzeit führt dazu, dass Mitarbeitende klar wissen, wie viel Zeit sie beim Unternehmen arbeiten müssen. Im Gegensatz dazu wissen sie auch, ab wann ihre Arbeitszeit als Überstunden gilt, die sie im Idealfall kompensieren können oder als Lohn ausbezahlt bekommen. Obwohl jedes Land ein Arbeitsgesetz hat, wird dies manchmal nicht eingehalten oder Überstunden werden von Führungskräften, der Geschäftsleitung oder im Spital als »normal« angesehen. Andererseits kann die Arbeitszeit, die erfüllt werden muss, auch individuell verschoben werden. Je nach Betrieb können dann die Mitarbeitenden mehr Stunden am Tag arbeiten und haben dafür einen zusätzlichen halben oder ganzen Tag frei.

Auch Job Crafting: Viertagewoche im Spital

Dorothea, Ende zwanzig, Assistenzärztin, arbeitet in einem Spital. Sie mag die Vierundzwanzig-Stunden- Schichten, denn nach sieben solcher Schichten hat sie ihr Soll erreicht und kann über die restliche Zeit frei verfügen. Ein anderes Beispiel liefert ein Pflegefachmann aus einem Spital in Deutschland. In diesem Spital wurde aufgrund der hohen Überstundenanzahl entschieden, dass sie die Viertagewoche testen. Nach einem euphorischen Beginn stellten die Pflegefachkräfte fest, dass die tägliche Arbeitszeit für sie zu lang war. Für diejenigen mit einem längeren Arbeitsweg war es jedoch eine sehr willkommene Lösung. Heute steht es den Angestellten in der Pflege frei, ob sie sich eine Vier- oder Fünftagewoche Woche bevorzugen.

Damit wollen wir aufzeigen, dass es so viele Vorlieben gibt wie Individuen. Während die einen Frühaufsteher sind und gern früher anfangen, schlafen die anderen lieber aus und kommen in der Mitte des Vormittags zur Arbeit. Wichtig ist, dass das Crafting der individuellen Arbeitszeit ein wichtiger Bestandteil von Job Crafting ist und einen Teil der Arbeitsgestaltung darstellt.

Seit der Pandemie 2020 ist die Arbeit im Homeoffice zur Normalität geworden. Für einige Mitarbeiter war dies ein Segen, während andere sich eingesperrt fühlten. Bei einem unserer früheren Auftraggeber war es jedoch schon lange möglich, bei einer Hundert-Prozent-Beschäftigung ein bis zwei Tage von zu Hause aus zu arbeiten. Die individuellen Vorlieben, die oft mit den Bedürfnissen und der Logistik des Familienlebens zusammenhingen, erlaubten den Mitarbeitenden viel Freiheit und führten zu einem hohen Maß an Verpflichtung gegenüber dem Unternehmen.

So hatte die Pandemie von 2020 auch positive Aspekte: Einerseits beschleunigte sie die Digitalisierung, wodurch Plattformen für Videokonferenzen stark an Bedeutung gewannen. Andererseits realisierten viele Unternehmen, dass ihre Mitarbeitenden auch im Homeoffice effektiv arbeiten können. Natürlich gibt es Branchen, in denen dies nicht möglich ist, wie im Einzelhandel, in Schulen, Kliniken oder im öffentlichen Verkehr, wo menschliche Interaktion unverzichtbar ist.

Trotz der Vorteile des Homeoffice gibt es auch Nachteile: Richtige Interaktionen zwischen Menschen sind nicht das Gleiche wie virtuelle Geschäftsmeetings oder Videokonferenzen. Viele neuere Studien und Berichte werten gerade die Auswirkung der mehrheitlich digitalen Interaktionen und der Arbeit am Arbeitsplatz aus. Sie stellen fest, dass Einsamkeit, Depressionen und andere psychische Krankheiten mögliche Auswirkungen von Homeoffice sein können (Montañez 2024, Smith und Alheneidi 2023). Beim Job Crafting ist es wichtig, die individuellen Standortpräferenzen der Mitarbeitenden zu berücksichtigen. Zusätzliche Aufgaben wie die Pflege von Eltern oder die Betreuung von Kindern können es für eine Arbeitskraft erheblich attraktiver machen, flexibel von zu Hause aus arbeiten zu können. Trotzdem empfehlen wir eine ausgewogene Herangehensweise, die je nach Unternehmen unterschiedlich gestaltet sein sollte (Randel et al. 2023).

Neben der Arbeitszeit und dem Arbeitsort kannst du auch die Arbeitsumgebung anpassen. Damit meinen wir Dinge wie:

Ergonomie: Bereitstellung eines geeigneten Stuhls und Tischs sowie die Möglichkeit, ein Stehpult zu nutzen.

Personalisierbarkeit des Arbeitsorts: Mitarbeitenden die Möglichkeit geben, ihren Arbeitsbereich individuell zu gestalten, unabhängig davon, ob es sich um einen Arbeitstisch, einen Lastwagen, eine Kasse oder ein Schulzimmer handelt.

Lichtverhältnisse: Ermöglichen, dass Mitarbeitende das Licht nach ihren Bedürfnissen anpassen können.

Lärmpegel: Sicherstellen, dass Mitarbeitende bei Bedarf in Ruhe arbeiten können.

Unterbrechung Großraumbüro: Mitarbeitende müssen Möglichkeiten haben, zu signalisieren, dass sie fokussiert arbeiten möchten.

Luft: Gewährleistung einer ausreichenden Sauerstoffzufuhr.

Temperatur: Sicherstellen, dass es im Sommer nicht zu heiß und im Winter nicht zu kalt ist.

Arbeitsbedingungen wie Lohn, Anzahl von Ferienwochen, Anzahl der Soll-Arbeitsstunden gehören unserem Verständnis nach nicht zum Job Crafting. Sie sind Bestandteile des Arbeitsvertrages und können nicht spontan von Mitarbeitenden gecraftet werden. Hier müssen sich beide Vertragsparteien an einen Tisch setzen.

Weitere wichtige Themen sind die generellen Arbeitszeitanforderungen und die Gestaltung der Arbeitszeit. Idealerweise sollten diese gemeinsam mit den Mitarbeitern festgelegt werden, aber in der Praxis werden sie häufig einmal entschieden und gelten dann über eine längere Zeit. Da diese Prozesse in verschiedenen Branchen nicht von einzelnen Mitarbeitenden verändert werden können, werden wir hierauf ebenfalls nicht weiter eingehen.

Zusammengefasst: Die Umgebungsgestaltung beinhaltet den Arbeitsort, die Arbeitszeit und die Arbeitsumgebung, die idealerweise so flexibel wie möglich und ausgerichtet an den Bedürfnissen der Mitarbeitenden gestaltet werden sollte.

Kehren wir zur Metaebene des Job Crafting und den Quadranten zurück: Meistens haben Menschen einen Quadranten, in den sie sich am wohlsten fühlen und von dem aus sie täglich agieren. Angenommen, du befindest sich hauptsächlich im individuellen äußeren Raum mit einem Fokus auf Tätigkeit, Handeln und Beobachtung. Dann sieh es als willkommene Einladung an, dich nun auch einmal auf der Beziehungsebene umzuschauen. Vielleicht entdeckst du hier neue Möglichkeiten, deinen Job zu gestalten. Möglichkeiten, die du bislang noch gar nicht gesehen hast.

Individuelles und kollektives Job Crafting schließen sich aber nicht aus, sondern ergänzen sich vielmehr. In der Beschreibung des Job Crafting anhand der Quadranten sind wir von der Sicht eines einzelnen Mitarbeitenden ausgegangen. Wenn die Tätigkeiten eines Mitarbeiters jedoch stark mit denen anderer Mitarbeiter verbunden sind, empfiehlt sich, dass alle betroffenen Mitarbeitende gemeinsam entscheiden, wie die Arbeit verändert werden soll (Leana et al. 2009).

 Vor- und Nachteile von Job Crafting

In den vorangegangenen Kapiteln haben wir uns mit den psychologischen Grundbedürfnissen im Arbeitskontext sowie den verschiedenen Ansätzen und Gestaltungsebenen des Job Crafting befasst. Dabei haben wir die komplexe Dynamik kennengelernt, die das Berufsleben jedes Einzelnen prägt. Job Crafting ermöglicht es dir, die Arbeit besser an deine persönlichen Bedürfnisse und Vorlieben anzupassen. Dein psychologisches Wohlbefinden wird verbessert.

Doch das sind nicht die einzigen Vorteile. Seit Wrzesniewski und Dutton den Begriff »Job Crafting« im Jahr 2001 auch in die wissenschaftliche Diskussion eingeführt haben, sind zahlreiche Studien erschienen, die die Vor- und Nachteile von Job Crafting beleuchten.

5.1 Vorteile aus Arbeitnehmersicht

In diesem Kapitel beschreiben wir die Vorteile von Job Crafting, nämlich:

- Arbeitszufriedenheit,
- Engagement,
- Leistungsfähigkeit,
- Work-Life-Balance und Wohlbefinden,
- Sinnhaftigkeit,
- Fähigkeiten und Kompetenzen,
- berufliche Identität,
- positives Selbstbild,
- Selbstwirksamkeit,
- Teamarbeit,
- Gesundheit.

Arbeitszufriedenheit: Studien (Wrzesniewski und Dutton 2001, Tims und Bakker 2010) zeigen häufig, dass Mitarbeitende von einer gesteigerten Arbeitszufriedenheit profitieren, wenn sie ihre Arbeitsaufgaben und/oder -umgebung besser an die eigenen Fähigkeiten, Interessen und Werte anpassen. Diese Zufriedenheit entsteht, weil sie als Mitarbeitende mehr Aufgaben übernehmen, die ihnen Freude bereiten, die sie als sinnvoll erachten und in denen sie gut sind. Weniger sinnvolle oder erfreuliche Tätigkeiten, die ihnen nicht so liegen, machen die Menschen weniger. Vielleicht hast du deinen Fokus auf Beziehungen gelegt und mit einem Arbeitskollegen, der dir sehr sympathisch ist, eine intensivere Zusammenarbeit in einem neuen Projekt aufgleisen können, während du nun weniger mit einem anderen Kollegen arbeitest, mit dem eine Zusammenarbeit trotz mehrerer Versuche irgendwie nicht so gut funktioniert.

Engagement: Neben der Arbeitszufriedenheit wirst du durch das Job Crafting ein ausgeprägteres Engagement (Berg et al. 2013) entwickeln. Du bringst dich aus eigenem Antrieb aktiver in deine Aufgaben ein, erledigst diese sorgfältig und entwickelst ein stärkeres Interesse an deiner Arbeit. Zudem bist du positiver eingestellt und optimistischer, was ebenfalls dein allgemeines Wohlbefinden erhöht.

Durch dein Engagement wirst du wahrscheinlich mehr Verantwortung übernehmen und über deine eigentlichen Aufgaben hinausdenken. Persönliches Engagement kommt zum Vorschein, wenn Menschen ihre eigene Persönlichkeit in ihre Arbeitsrolle einbringen. Engagierte Mitarbeiter bringen ihr authentisches Selbst durch körperliches Engagement, kognitives Bewusstsein und emotionale Verbindungen zum Ausdruck. Nicht engagierte Mitarbeiter hingegen trennen sich von ihrer Rolle, reduzieren ihr persönliches Engagement an der Arbeit und sind weniger präsent (Kahn 1990).

Leistungsfähigkeit: Engagement führt zu einer gesteigerten Leistungsfähigkeit (Tims und Bakker 2010). Diese zeigt sich in einer Performance, die durch Effektivität, Effizienz und Qualität deiner Arbeit geprägt ist. Dies könnte zu einer Beförderung, spannenden neuen Projekten oder einem allgemeinen Karrieresprung führen. Sollte dein Job hingegen weniger Entwicklungsmöglichkeiten in der Organisation bieten, wie beispielsweise der Lehrerberuf in einer Schule, könnte sich die erhöhte Leistungsfähigkeit in einem dynamischeren Unterricht und einem als geringer empfundenen Stress am Arbeitsplatz äußern.

Thomas, vierzig Jahre, Geschichtslehrer

Thomas sagte im Gespräch mit uns: »Gute Leistung im Unterricht bedeutet für mich, dass mein Unterricht klar und strukturiert ist. Die Schüler mögen aktuelle Themen und erwarten von mir ein tiefes Verständnis dieser Materien. Für einen guten Unterricht muss ich Zeit in die Recherche aktueller Themen und deren altersgerechte Aufbereitung investieren. Wenn mir das gelingt, sind die Schüler aufmerksam und beteiligen sich aktiv. Sie sind bereit, sich mit dem Stoff zu befassen. Dann macht mir das Unterrichten Spaß, und es kommt vor, dass die Schüler sogar in der Pause noch Fragen stellen. Wir erleben dann gemeinsam einen Flow-Zustand. Die Stimmung ist gut, und ich bin mit der Arbeit zufrieden. Das erhöht mein Wohlbefinden und entspannt mich«.

Work-Life-Balance und Wohlbefinden: Menschen, die Freude an der Arbeit haben, gute Leistungen erbringen und wenig Druck verspüren, haben die besten Voraussetzungen für eine ausgewogene Work-Life-Balance (Meier 2020) und ein verbessertes Wohlbefinden am Arbeitsplatz (Wrzesniewski und Dutton 2001, Berg et al. 2013). Dies liegt vor allem daran, dass sie ihre Bedürfnisse besser erfüllen können und das Gefühl von mehr Kontrolle über ihre Aufgaben und ihr Umfeld zu weniger Stress führt.

Sinnhaftigkeit: Durch die Umgestaltung von Aufgaben und Beziehungen wird oftmals die Arbeit auch anders erlebt und ihr damit ein anderer, neuer Sinn gegeben.

Meier (2020) zählt deshalb die Sinnhaftigkeit ebenfalls zu den arbeitsbezogenen Vorteilen von Job Crafting.

»Die Idee liegt im Innern eingeschlossen. Alles, was du tun musst, ist, den überschüssigen Stein zu entfernen.«

Michelangelo, italienischer Maler, Bildhauer, Baumeister und Dichter

Die Auswirkung von mehr Sinnhaftigkeit in der Arbeit ist umso bedeutsamer, als sie der wichtigste der drei Kohärenzfaktoren von Antonovsky ist (siehe Box 5 »Kohärenzgefühl«). Sie bezieht sich unter anderem auf das Gefühl, dass es sich lohnt, sich für etwas einzusetzen, sowie auf die Überzeugung, dass das eigene Handeln einen Einfluss auf das Leben und die Umwelt hat (siehe Box 9 »Berufliche Sinnerfüllung«). Verschiedene Studien belegen die positive Rolle der Sinnhaftigkeit im Zusammenhang mit der psychischen und physischen Gesundheit, der Widerstandskraft sowie der Bewältigung von Stress (Kim et al. 2014, Cohen et al. 2016, Zika und Chamberlain 1992, Park 2010).

Fähigkeiten und Kompetenzen: Job Crafting fördert und entwickelt darüber hinaus deine persönlichen Fähigkeiten und Kompetenzen (Wrzesniewski und Dutton 2001), wie beispielsweise deine Kreativitäts- und Innovationsfähigkeit (Berg et al. 2008). Wenn diese mit Engagement und der Überzeugung gepaart werden, Herausforderungen meistern zu können, dürftest du dadurch nicht nur besser auf sich ändernde Anforderungen und Bedingungen reagieren, sondern Veränderungen insgesamt auch positiver bewältigen können.

Berufliche Identität: Eine stärkere Identifizierung mit der Arbeit kann dich zu höherer Leistung und einem größeren Engagement motivieren. Du bist bestrebt, dein Bestes zu geben, deine Ziele zu erreichen, und scheust auch nicht davor zurück, zusätzliche Anstrengungen zu unternehmen, um deinen Teil zum Erfolg des Unternehmens beizutragen (Meier 2020, Wrzesniewski und Dutton 2001, Tims und Bakker 2010).

Box 9 – **Berufliche Sinnerfüllung**

Schnell et al. (2013) definieren berufliche Sinnerfüllung als individuelle Erfahrung folgender Aspekte:

Bedeutsamkeit: Hat mein Handeln eine positive Auswirkung auf andere Menschen?

Orientierung: Stimmen meine Werte, meine Mission und Vision mit meiner beruflichen Tätigkeit überein?

Kohärenz: Trägt das berufliche Handeln zum Erreichen meiner (Arbeits-)Ziele bei? Ergänzen sich meine beruflichen Tätigkeiten sinnvoll?

Zugehörigkeit: Kann ich mich mit meinem Arbeitgeber identifizieren?

Diese vier Kriterien beeinflussen, ob du deine berufliche Tätigkeit als sinnvoll erlebst. Wenn dies der Fall ist, wirst du zufriedener, motivierter und zeigst eine höhere Leistungsbereitschaft.

Positives Selbstbild: Job Crafting trägt auch zu einem positiven Selbstbild bei der Arbeit bei (Meier 2020). Diese Wirkung von Job Crafting stillt das Grundbedürfnis nach einem positiven Selbstbild (siehe Kapitel 3.3) und erhöht gleichzeitig auch das Gefühl der Selbstwirksamkeit (Tims und Bakker 2010, Tims et al. 2014).

Selbstwirksamkeit: Die Selbstwirksamkeit ist nicht nur eine Schlüsselkomponente der Resilienz, die dem Menschen das Gefühl gibt, Einfluss auf die Lebens- und Arbeitssituation nehmen zu können, sie befriedigt auch das Grundbedürfnis nach Orientierung, Kontrolle und Kompetenz (siehe Kapitel 3.2 »Bedürfnis nach Kontrolle und Kompetenz«). Außerdem haben Tims et al. (2014) in ihrer Studie nachgewiesen, dass Selbstwirksamkeit und Leistungsfähigkeit zusammenhängen und dass Menschen mit einer hohen Selbstwirksamkeit oft proaktiv nach Möglichkeiten suchen, Neues zu lernen und Veränderungen vorzunehmen.

Teamarbeit: Durch das bewusste Gestalten der zwischenmenschlichen Beziehungen (siehe Kapitel 4.3 »Die soziale Ebene: Wie gestalte ich Arbeitsbeziehungen«) kannst du einerseits besser mit deinen Kollegen interagieren und andererseits effizienter zusammenarbeiten. Davon profitierst nicht nur du als Einzelperson, weil dadurch dein Grundbedürfnis nach Beziehung und Bindung gestillt und ein Gefühl der Verbundenheit und Zugehörigkeit am Arbeitsplatz geschaffen wird (siehe Kapitel 3.1 »Bedürfnis nach Bindung und Zugehörigkeit«), sondern auch dein Team. So kann durch eine erhöhte Unterstützungs- und Kooperationsfähigkeit des Einzelnen beispielsweise die Kommunikation untereinander verbessert werden, wodurch Missverständnisse und Konflikte reduziert werden können. Dies kann leider aber auch kippen. Mehr dazu in Kapitel 5.2 »Herausforderungen und Stolpersteine aus dem Blickwinkel der Beschäftigten«.

Gesundheit: Die Zusammenhänge der genannten Vorteile mit den psychischen Grundbedürfnissen, der Resilienz und dem Kohärenzgefühl weisen auf eine Verbindung zwischen angewandtem Job Crafting, der Gesundheit und dem arbeitsbezogenen Wohlbefinden des Einzelnen hin. Gemäß Tims et al. (2013b) können strukturelle und soziale Ressourcen wie Autonomie, Vielfalt, soziale Unterstützung und konstruktives Feedback aufgebaut und dadurch eine mögliche Burn-out-Gefahr geschwächt werden (Singh und Singh 2018).

5.2 Herausforderungen und Stolpersteine aus dem Blickwinkel der Beschäftigten

Du hast nun viel über die Sonnenseiten des Job Crafting gelesen. Welches sind aber die Stolpersteine und Grenzen? Wir beschreiben nun folgende Herausforderungen

- Individuelle Persönlichkeitseigenschaften,
- fehlende Übereinstimmung mit Organisationszielen,
- emotionale Belastung und Stress,

Box 10 – **Burn-out**

Der Begriff »Burn-out« beschreibt einen Zustand tiefgreifender körperlicher, emotionaler und geistiger Erschöpfung mit verminderter Leistungsfähigkeit. Er wurde 1974 vom amerikanischen Psychoanalytiker Freudenberger geprägt. Es gibt keine einheitliche Definition, da es kein eigenständiges Krankheitsbild ist, sondern ein komplexes Beschwerdebild mit psychischen oder psychosomatischen Folgen.

Burisch (2011) beschreibt Burn-out als Dauerstress, aus dem Betroffene oft allein schwer herausfinden können. Die Beschwerden beginnen meist schleichend mit Schlafproblemen, Gereiztheit, Energielosigkeit und Konzentrationsschwierigkeiten.

Zu den zentralen Symptomen gehören:

- anhaltende Müdigkeit und emotionale Erschöpfung,
- eine negative, distanzierte bis zynische Einstellung gegenüber anderen,
- reduzierte persönliche Leistungsfähigkeit sowie
- verschiedene körperliche Symptome wie Kopf- oder Rückenschmerzen, Atembeschwerden und Magen-Darm-Beschwerden.

Burn-out kann durch eine Vielzahl von Faktoren verursacht werden, wie hohe Arbeitsbelastung, Zeitdruck, zwischenmenschliche Konflikte, monotone Tätigkeiten sowie fehlende Sinnhaftigkeit der Arbeit. Persönliche Eigenschaften wie Perfektionismus, Gewissenhaftigkeit, das Bedürfnis nach Anerkennung oder ein geringes Selbstwertgefühl erhöhen ebenfalls das Risiko. In der Schweiz und in Deutschland leiden über 25 Prozent der Erwerbstätigen unter wiederholtem Stress und Erschöpfung. 2022 hatten etwa 6 Prozent der Schweizer Bevölkerung Burn-out-Symptome, was jährlich über 6,5 Milliarden Schweizer Franken kostet. In Deutschland belaufen sich die Kosten auf über 40 Milliarden Euro durch Burn-outs.

Es ist für alle besser, frühzeitig in Prävention zu investieren, um Burn-out zu verhindern, als auf die Behandlung nach dem Auftreten der Symptome zu warten, die oft komplexer und schwieriger zu managen sein können.

- Konflikte mit der Führungskraft,
- Teamkonflikte,
- Erschöpfung und Burn-out,
- negative Auswirkungen auf das Engagement und
- erhöhte Fluktuation.

Individuelle Persönlichkeitseigenschaften: Erschwerend für das Job Crafting können deine Persönlichkeitseigenschaften sein. So kann Job Crafting beispielsweise für Menschen, die weniger gern von sich aus die Initiative oder eine Chance ergreifen, schwieriger umzusetzen sein. Wenn du in diese Richtung tickst, hast du vielleicht auch Mühe, deinen Veränderungsplan durchzuhalten und dranzubleiben, bis du deine Ziele erreicht hast (Bakker et al. 2012, Rudolph et al. 2017). Eher introvertierte Personen können zudem meist auf weniger soziale Ressourcen zurückgreifen als extrovertierte Menschen.

Es kann dir dann schwerer fallen, Feedback und Rat einzuholen oder bei Vorgesetzten und Kollegen um Unterstützung zu bitten. Diese Dinge sind aber für ein erfolgreiches Job Crafting ebenso wichtig und förderlich wie offen und neugierig für Neues zu sein oder Selbstvertrauen in die eigenen Fähigkeiten zu haben (Rudolph et al. 2017).

Job Crafting kann zudem anspruchsvoller für Menschen sein, denen es schwerfällt, ihre inneren Beweggründe, Bedürfnisse und Hoffnungen mit anderen zu teilen. Illiewich (2023) bezeichnet den Austausch im Team und mit vorgesetzten Personen über die eigenen Bedürfnisse, Ziele und Erwartungen nämlich als einen großen Gewinn des Job Crafting. Dadurch können nicht nur gemeinsame Interessen oder Möglichkeiten zur Zusammenarbeit besser wahrgenommen werden, es werden auch Lernprozesse gefördert und manchmal quasi als Nebenprodukt gleich die Workflows optimiert. Sind Menschen sehr introvertiert, bleiben diese Potenziale möglicherweise unerreichbar.

Fehlende Übereinstimmung mit Organisationszielen: Berg et al. (2013) weisen auf die unbeabsichtigten Folgen des Job Crafting hin, die entstehen können, wenn die Bemühungen des Einzelnen für mehr Sinnerfüllung zum Beispiel den Zielen der Organisation zuwiderlaufen. Grundsätzlich bietet Job Crafting den Mitarbeitenden die Möglichkeit, ihren Arbeitsplatz so zu gestalten, dass sie bisher ungenutzte berufliche Potenziale wie weiterführende Interessen oder Wunschberufsfelder auch in der täglichen Arbeit verfolgen können.

Emotionale Belastung und Stress: Gestaltet sich ein Abgleich mit Organisationszielen aber als schwierig, konfliktreich oder frustrierend, kann dies zu emotionaler Belastung und Stress führen. Denn was vorher im Bereich des Unmöglichen lag, kam durch ein Job Crafting in Griffnähe und rückt dann aber durch nicht beeinflussbare externe Faktoren wieder außer Reichweite (Berg et al. 2010).

Konflikte mit der Führungskraft: Ist dein Verhältnis zur Führungskraft belastet oder die Kommunikation erschwert, kann es sein, dass eigenmächtige Veränderungen im Arbeitsumfeld oder bei den Verantwortlichkeiten nicht oder nur schwer toleriert werden. Es kann zu Auseinandersetzungen, Machtausübungen oder höheren Erwartungen kommen. Frust, Stress und die Belastung können dadurch zunehmen. Unter Umständen kann es gar zu einem Imageschaden für den Mitarbeitenden kommen (Illiewich 2023, Dabak und Mulla 2022, Rogiers et al. 2021).

Teamkonflikte: Bei allen Möglichkeiten, die sich durch das Job Crafting für den Einzelnen auftun, dürfen wir nicht vergessen, dass ausgelöste Veränderungen immer auch Auswirkungen auf unsere Arbeitskollegen haben können. Schließlich arbeiten wir in einem Unternehmen selten völlig autonom. Tims et al. (2015) haben genau das untersucht und kamen zum Schluss, dass das Reduzieren von Arbeitsanforderungen, die emotional, mental oder physisch belastend sind, zu einer höheren Arbeitsbelastung der Arbeitskollegen und zu mehr Konflikten zwischen ihnen führen kann.

Erschöpfung und Burn-out: Schlimmstenfalls steigen sogar die Erschöpfung und das Burn-out-Risiko (siehe Box 10 »Burn-out«). Denn meistens verlagern sich durch diese Strategie Verantwortung und Aufgaben auf andere Personen im Arbeitsumfeld (Petrou et al. 2015, Fong et al. 2022, Li et al. 2022).

André, neunundzwanzig Jahre, Sachbearbeiter im Verkaufsinnendienst

André erzählte uns im Rahmen eines Coachings von seinen Schwierigkeiten beim Bearbeiten von Kundenreklamationen. Diese Aufgaben würden ihn jeweils sehr belasten. Aus diesem Grund habe er schleichend begonnen, die Bitten um Rückrufe an Kunden zu verzögern oder einem Arbeitskollegen zuzuschieben. Das habe aber nach einiger Zeit zu Missstimmungen mit diesem geführt, was er gerne wieder beheben würde. Mit unserer Unterstützung gelang es ihm schließlich, ein klärendes Gespräch mit seinem Teamkollegen zu führen und im Team nach anderen, für alle stimmigen Lösungen beim Bearbeiten der Kundenreklamationen zu suchen.

Gerade wenn es darum geht, emotional, geistig oder körperlich anstrengende Aspekte der Arbeit zu reduzieren, ist es umso wichtiger, sich vorher im Team abzustimmen und zu einigen, bevor der Einzelne Anpassungen in seinem Arbeitsbereich vornimmt (Tims et al. 2015).

Negative Auswirkungen auf das Engagement: Das Reduzieren von Belastungen kann negative Auswirkungen auf das Engagement des einzelnen Mitarbeitenden haben. Petrou et al. (2015) erklären sich dieses Verhalten damit, dass der Mitarbeitende unter Umständen mit den Anforderungen überfordert sein könnte und er deswegen den belastenden Aspekt reduziert, um sich und seine Gesundheit zu schützen. Ein anderer Erklärungsansatz weist auf mögliche Anzeichen für wenig Motivation hin. Klar ist, dass die Verringerung von Anforderungen zu einem weniger stimulierenden Umfeld führt, sprich: die Arbeit kann dadurch für den Betroffenen langweiliger und eintönig werden.

Erhöhte Fluktuation: Ein weniger stimulierendes Arbeitsumfeld kann die Fluktuationsabsichten erhöhen (Rudolph et al. 2017). Darüber hinaus leiden sowohl Leistung als auch Wohlbefinden darunter (Petrou et al. 2015).

5.3 Welchen Nutzen bringt Job Crafting für Organisationen?

Wie ihr gelesen habt, gibt es gute Gründe, warum Mitarbeitende ihre Jobs durch Job Crafting besser an ihre Bedürfnisse anpassen möchten. Doch wie sieht die Perspektive von Vorgesetzten, Personalverantwortlichen und dem Unternehmen aus? Die Vorteile der aktiven Einführung von Job Crafting für ein Unternehmen lassen sich bereits erahnen. Es gibt auch bereits eine Menge an Studien, die den Fokus auf die Perspektive »Job Crafting und Unternehmen« gelegt haben.

Die wichtigsten Vorteile für Unternehmen sind:

- Motivation,
- gutes Betriebsklima,
- Engagement,
- Arbeitszufriedenheit,
- Sinnhaftigkeit,
- Identifikation mit dem Unternehmen,
- erhöhte Leistung,
- Serendipität (Entdeckung unerwarteter Potenziale),
- Innovation und Kreativität,
- Gesundheit, Wohlbefinden und Work-Life-Balance.

Motivation: Diese individuellen Veränderungen steigern die Motivation der Mitarbeitenden beträchtlich (Tims und Bakker 2010, Demerouti et al. 2012).

Sarah, Anfang zweiundvierzig, Dozentin

»Ich liebe es, an der Hochschule zu unterrichten. Wir haben einen Lehrauftrag, der uns vorschreibt, welche Themen in welchem Fach bearbeitet werden müssen, aber dabei genießen wir große Freiheit. Ich kann meine

Forschungsschwerpunkte und meine Erfahrung in den Unterricht einfließen lassen, die Themen je nach Interesse vertiefen oder auch mal schneller durch eine Theorie gehen«. Für Sarah ist der Lehrauftrag ideal, denn sie arbeitet sehr gern frei und bestimmt selbst, wie viel Zeit sie für die Vorbereitung einsetzt. Sie ist sehr motiviert und schöpft aus dieser Tätigkeit auch Energie«.

Betriebsklima: Mitarbeitende, die motiviert sind und die Möglichkeit haben, ihre Tätigkeiten nach ihren Stärken und Interessen auszurichten, fühlen sich von ihrem Unternehmen wertgeschätzt und verstanden. Das führt zu einem besseren Betriebsklima und erhöht das Engagement.

Engagement: Die Möglichkeit zum Job Crafting erhöht nicht nur die Motivation, sondern stärkt auch das Engagement von Mitarbeitenden (Tims et al. 2015, Frederick und VanderWeele 2020). Mitarbeitende, die ihre Tätigkeiten mitgestalten können, fühlen sich stärker für die Tätigkeiten und Entscheide rund um ihre Arbeit verantwortlich. Rudolf et al. (2017) kommen zu dem Ergebnis, dass Job Crafting verstärkt von proaktiven Persönlichkeiten ausgeführt wird und zu einem großen Engagement führt. Harju et al. (2016) beschreiben, dass die Suche nach Herausforderungen am Arbeitsplatz die Langeweile am Arbeitsplatz mindert und damit das Engagement fördert. Im Umkehrschluss kann ungenutzte Langeweile am Arbeitsplatz zu weniger Arbeitsfreude und geringerem Engagement führen. Das Engagement der Mitarbeitenden wird nicht nur von den Individuen selbst wahrgenommen, sondern auch von ihren Mitarbeitenden und Vorgesetzten (Tims et al. 2012).

Arbeitszufriedenheit: Das erwähnte Verantwortungsgefühl, die Verpflichtung und das Engagement führen zu einer erhöhten Arbeitszufriedenheit (Ghitulescu 2006). Denn Personen, die das Gefühl haben, mehr Kontrolle zu haben, erleben ihre Arbeit wahrscheinlich anders als Personen, die das Gefühl haben, keine Kontrolle über ihre Arbeit zu haben. Die Ersteren erkennen, wie ihre Arbeit in sinnvoller Weise mit der Arbeit anderer in der Organisation zusammenhängt und zu einem übergeordneten Ziel führt. Somit erhöhen individuelle Veränderungen bei der Arbeitsgestaltung die Arbeitszufriedenheit des Einzelnen (Zito et al. 2019).

Es ist also wichtig für Unternehmen, dass sie die Arbeitszufriedenheit der Mitarbeitenden kontinuierlich überprüfen und gegebenenfalls Maßnahmen zur Verbesserung ergreifen.

Sinnhaftigkeit: Ein weiterer Aspekt des Job Crafting ist, dass Mitarbeitende ihre Tätigkeiten so anpassen, dass die wahrgenommene Sinnhaftigkeit erhöht wird. Dies hat wiederum einen positiven Einfluss auf die Arbeitszufriedenheit (Ghitulescu 2006, Demerouti et al. 2012).

Peter, Ende fünfzig, Versicherungsberater

Peter erzählte uns, dass er seinen Fokus änderte, nachdem ein guter Freund von ihm, der selbstständig erwerbstätig war, einen tragischen Unfall hatte. Als er sah, wie schwierig die Situation für seinen Freund und dessen Familie war und wie wichtig eine gute Versicherung ist, spezialisierte er sich auf »Versicherungen für Selbstständige«. Dadurch wurde er zu einer gefragten Ansprechperson für Selbstständige. Für Peter hat sich die Sinnhaftigkeit seiner Arbeit damit erheblich erhöht. Heute freut er sich, wenn seine Klienten im Idealfall nie eine Versicherung brauchen oder im Ernstfall wirklich gut versichert sind.

Box 11 – **Fluktuationskosten**

Veröffentlichte Kostenbeispiele gehen abhängig von der Quelle, der Funktion und der jeweiligen Situation von 30 bis 300 Prozent des entsprechenden Bruttojahreslohn aus. Bei einem durchschnittlichen Lohn von 52 000 Euro in Deutschland sind das zwischen 15 000 und über 150 000 Euro.

Wenn Mitarbeitende durch Job Crafting – also durch die Veränderung der kognitiven Sichtweise ihrer Arbeit oder durch die bessere Passung zwischen Tätigkeiten und individuellen Fähigkeiten – mehr Sinnhaftigkeit am Arbeitsplatz erleben, kann dies helfen, inneren Kündigungen vorzubeugen (Tims und Bakker 2010, Berg et al. 2013, Rudolph et al. 2017), und zu einer geringeren Fluktuation führen (siehe Box 11 »Fluktuationskosten«). Geldenhuys et al. (2020) befragten einhundertvierunddreißig Personen über einen Zeitraum von drei Wochen rund um das Thema Sinnhaftigkeit und Arbeitsperformance. Personen, die den Gestaltungsspielraum von Job Crafting nutzten, gaben bei der zweiten Befragung an, mehr Sinnhaftigkeit bei der Arbeit zu spüren und waren dementsprechend motivierter.

Identifikation mit dem Unternehmen: Engagement, Sinnhaftigkeit und Arbeitszufriedenheit stärken die Identifikation mit der Arbeit und dem Unternehmen (Tims et al. 2012). Die Identifikation mit dem Unternehmen und dessen Werten führt auch zu geringeren Fehlzeiten (Ghitulescu 2006), was sich wiederum positiv auf die anderen Mitarbeitenden auswirkt.

Erhöhte Leistung: Insgesamt führt Job Crafting zu einer gesteigerten Motivation, höherem Engagement, erhöhter Arbeitszufriedenheit, stärkerer Identifikation mit dem Unternehmen und einem Gefühl von Sinnhaftigkeit in der Arbeit. Das trägt zu einer verbesserten Leistung der Mitarbeitenden bei. Studien haben gezeigt, dass positive Emotionen der Mitarbeiter während der Arbeit zu positiven Ergebnissen für die Firma führen, einschließlich erhöhten Engagements, stärkerer Leistung und besserer Mitarbeiterbindung (Ghitulescu 2006, Tims und Bakker 2010).

Diese verbesserte Leistung wird nicht nur von den Mitarbeitenden selbst wahrgenommen, sondern auch von Teams und Vorgesetzten gespiegelt (Tims et al. 2012). Das Gestalten sowohl von Tätigkeiten als auch von Beziehungen spielt für eine Leistungserhöhung eine Rolle. Besonders spannend ist die Studie von Geldenhuys et al.

(2020), die beobachtet, dass die Beziehungsgestaltung die Leistung von Mitarbeitenden außerhalb der vorgeschriebenen Rolle signifikant erhöht. Zu diesen Extra-Leistungen gehören zum Beispiel, dass sie Arbeitskollegen bei einem berufsbezogenen Problem unterstützen oder dass sie mehr Geduld mit den Kollegen haben und sich somit zwischenmenschliche Konflikte auf ein Minimum reduzieren. Das individuelle Aufgaben- und Beziehungs-Crafting hat auch einen positiven Effekt auf Hochleistungsarbeitssysteme (siehe Box 12 »High-Performance Work Systems«), was wiederum die individuelle Karriere stärkt (Miao et al. 2023).

Tägliches Job Crafting steht in einer positiven Korrelation mit der allgemeinen Arbeitsfreude und kann dazu führen, dass Flow-Erlebnisse am Arbeitsplatz ausgelöst werden. Dieses Gefühl des Wohlbefindens wirkt sich nicht nur kurzfristig positiv auf die Mitarbeiter aus, sondern kann langfristig auch zu einer Steigerung der Leistung beitragen (Namakura und Csikszentmihalyi 2002, Tims et al. 2013a, Makhubele et al. 2023).

Box 12 – **High-Performance Work Systems**

High-Performance Work Systems sind Spitzenarbeitsbedingungen, die aus abgestimmten Personalmaßnahmen bestehen. Wenn folgende Themen vorhanden sind, handelt es sich um Spitzenarbeitsbedingungen (Flood et al. 2006):

Stellenbesetzung: Eine individualisierte Rekrutierung, die aus vielen Testverfahren bestehen.

Leistungsmessung: Der Lohn orientiert sich an der Teamleistung, an den individuellen Fähigkeiten und der direkten Performance. Er kann auch eine Beteiligung am Unternehmen enthalten. Die Beförderung ist an die Leistung des Mitarbeitenden gebunden.

Weiterbildung: Training und Weiterbildung für unternehmensspezifische Fähigkeiten gehören zur Arbeit.

Kommunikation: Regelmäßige Interviews und Transparenz über Strategie und Finanzlage gehören zum Alltag der Mitarbeiter.

Serendipität (Entdeckung unerwarteter Potenziale): Job Crafting beinhaltet die Offenheit, Mitarbeitenden die Möglichkeit zu geben, innerhalb der Organisation neue Projekte und Teamarbeiten zu kreieren. Dafür braucht es geeignete Räume wie zum Beispiel eine Lounge mit Verpflegungsmöglichkeiten, um sich in der Kaffeepause zu treffen. Diese Lounge ist gemütlich eingerichtet mit Stühlen, Sofas und Pflanzen und lädt ein, sich in Ruhe auszutauschen. Auch fachübergreifende Events, Sitzungen, Meetings mit Formaten wie World Cafés fördern das Kennenlernen und den Austausch der Mitarbeiter untereinander. Der natürliche Austausch von Mitarbeitern wirkt sich positiv auf das Betriebsklima aus und führt zu größerem Vertrauen unter den Mitarbeitenden. Wenn Mitarbeitenden die Gelegenheit gegeben wird, sich mit spannenden Gleichgesinnten mit unterschiedlichem Hintergrund austauschen zu können, können neue Projekte angegangen werden, was zum einem die Motivation erhöht und gleichzeitig die Grundlage ist für Serendipität (Busch 2022, Box 13 »Serendipität«). Die Serendipität hat einen äußerst positiven Einfluss auf Kreativität und Innovation.

Box 13 – **Serendipität**

Ursprünglich kommt der Begriff Serendipität aus dem Englischen (»Serendipity«). Zum ersten Mal wurde er 1754 von einem englischen Schriftsteller benutzt, der in einem Brief an seinen Freund eine persische Geschichte über die »Drei Prinzen aus Serendip« schrieb. In der Geschichte wurden die drei Prinzen als Menschen beschrieben, die »durch Zufall und Scharfsinnigkeit Entdeckungen von Dingen machten, nach denen sie nicht gesucht haben«. Kurz: ein Zufallsbefund.

Christian Busch (2020) hat den Begriff aufgenommen und als erlernbare Kompetenz beschrieben, aktiv wichtige Punkte zu verbinden und Neues zu entdecken. Konkret sagte er in einem Interview (2023): »Serendipität lässt sich am besten definieren als unerwartetes Glück, das sich aus ungeplanten Ereignissen ergibt, in denen unsere Entscheidungen und unser Handeln zu positiven Ergebnissen führen«.

Innovation und Kreativität: Es wurde auch nachgewiesen, dass Job Crafting sowohl eine positive Auswirkung auf die Steigerung von Innovation als auch auf die Anpassungsfähigkeit hat (Berg et al. 2013). Wenn Mitarbeiter die Freiheit haben, eigenständig Tätigkeiten anzupassen und Ideen zu entwickeln, erhöht das die Problemlösungskompetenz und zeigt einen positiven Zusammenhang mit proaktivem Verhalten und Eigeninitiative (Demerouti et al. 2012, Niessen et al. 2016, Tims et al. 2012).

Gesundheit, Wohlbefinden und Work Life Balance: Schließlich hat Job Crafting auch einen sehr großen Einfluss auf die Gesundheit der Menschen bei der Arbeit. Denn wenn ihnen ihre Tätigkeiten und Beziehungen während der Arbeit sinnhafter erscheinen und Menschen auf individuelle, ideale Art fördern, sind Mitarbeitende auch entspannter, fühlen sich wohler und sind höchstwahrscheinlich gesünder. Genau das haben verschiedene Forschende beobachtet: Mitarbeitende, die regelmäßig Job Crafting leben, haben ein höheres Wohlbefinden (Slemp und Brodrick 2014), sie sind weniger emotional erschöpft (Petrou et al. 2016) und leiden weniger lang unter anhaltendem Stress, was das Risiko eines Burnouts senkt (Crawford und Rich 2010, Tims et al. 2013, Gordon et al. 2018, Singh und Singh 2018).

Das Wohlbefinden äußert sich durch merklich weniger Irritationen der Mitarbeitenden (Dettmers und Uglanova 2022) und weniger Disstress (Sakuraya et al. 2016). Wenn die Mitarbeitenden direkt befragt werden, werten sie ihre Gesundheit auch positiver (Gordon et al. 2018). Indem die Menschen ihre Arbeit flexibler gestalten und ihre persönlichen Bedürfnisse besser mit ihrem Berufsleben in Einklang bringen können, reduzieren sie Stress und erreichen so eine gesündere Work-Life-Balance.

Zusammenfassend kann festgehalten werden, dass die Arbeitsbereiche, die Job Crafting positiv beeinflussen, sich auch gegenseitig beeinflussen und in einer Wechselwirkung stehen.

In Abbildung 11 haben wir die unterschiedlichen Bereiche in die Quadranten eingefügt. Was für uns hervorsticht, ist, dass sich die Vorteile für ein Unternehmen nicht – wie die klassische Managementliteratur erwarten lassen würde – im »Äußeren Wir-Raum« befinden (also Strategie, Umgebung, Prozesse), sondern dass sie die Kultur und den »Inneren« und »Äußeren Raum« der Mitarbeiter betrifft. Die verschiedenen Bereiche haben alle einen Einfluss auf die Wettbewerbsfähigkeit eines Unternehmens: Wer möchte nicht zufriedene, engagierte Mitarbeiter, die in ihrer Arbeit eine sinnhafte Tätigkeit sehen, sich mit dem Unternehmen identifizieren und optimal zu ihrer Aufgabe und Rolle passen? Mitarbeitende, die untereinander offen und freundlich kommunizieren, die gern herausfordernde Aufgaben angehen, motiviert sind, wenig fehlen und durch Innovation und Kreativität neue Unternehmenszweige entwickeln. Alle diese Faktoren beeinflussen sowohl Gesundheit und Fluktuation als auch die Leistung, was sich direkt im Unternehmenshaushalt widerspiegelt.

5.4 Herausforderungen und mögliche negative Effekte für Unternehmen

Auf den letzten Seiten hast du mögliche Vorteile der Einführung oder bewussten Anwendung von Job Crafting kennengelernt. Was sind nun aber mögliche negative Effekte, die durch Job Crafting entstehen können?

Wir beschreiben folgende Herausforderungen:

- Miteinbeziehung des Teams,
- fehlende Autonomie,
- unterschiedliche Persönlichkeit der Mitarbeitenden,
- ineffiziente Arbeitsergebnisse,
- Fluktuation,
- Unklarheiten,
- höhere Kosten,
- Veränderungsbereitschaft des Unternehmens,
- mangelnde Arbeitsgestaltungskompetenz.

Miteinbeziehung des Teams: Nach Bizzi (2017) ist es wichtig, dass du dir bewusst bist, dass ein Individuum

11 | Übereinstimmung der Arbeit mit der Person, den Aufgaben, Beziehungen und der Organisation

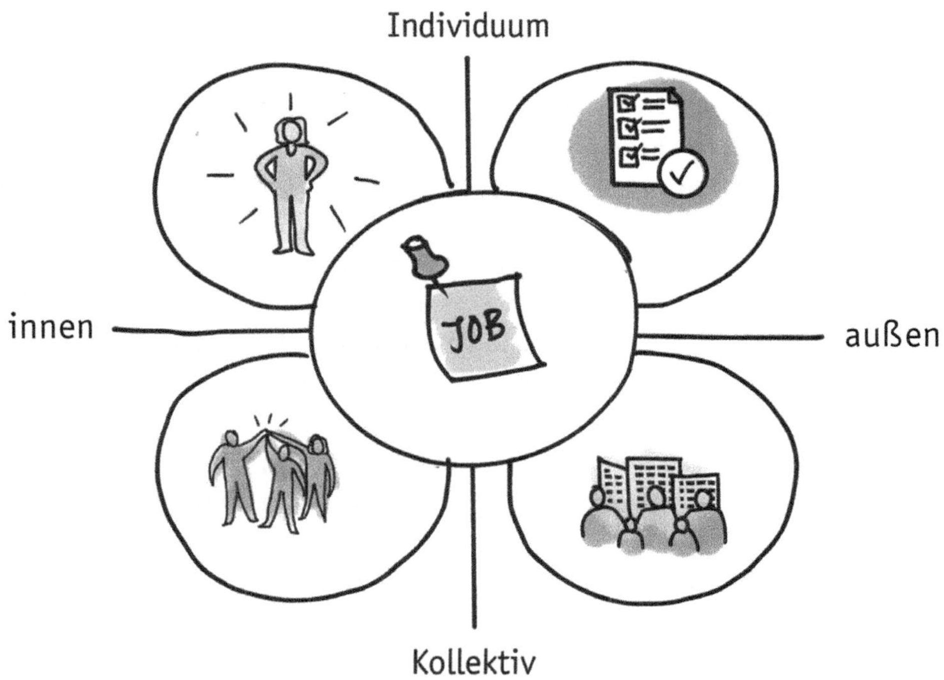

nicht allein dasteht. Es ist in ein Netzwerk eingebunden. Ein Individuum wird eher seinen Job craften, wenn es sieht, dass sein Team das auch macht. Als Vorgesetzte oder als Unternehmen ist es also wichtig, dass ähnliche Regeln für das Team gelten und die Kollegen sich im Idealfall gegenseitig inspirieren.

Fehlende Autonomie: Bredehöft et al. (2015) fragten sich in ihrer Studie, ob noch von Autonomie gesprochen werden kann, wenn Arbeitsplätze mit formal hoher Autonomie über die Zeit von äußeren Faktoren wie Kundenwünschen, Terminen und Zeitdruck immer stärker eingeschränkt werden und trotzdem die Anforderung an Flexibilität bestehen bleibt. In ihrer Stichprobe haben die Forscher festgestellt, dass die hoch qualifizierten, autonomen und sehr flexiblen Mitarbeiter nur bis zu einem gewissen Grad individuelle Autonomie erlebten. Ein Großteil der formal gewährten Autonomie konnte nicht für persönliche Zwecke genutzt werden, sondern musste zur Erfüllung von Arbeitsaufgaben, zur Zufriedenheit von Kunden, zur Einhaltung von Fristen, zur Bewältigung von Zeitdruck und schließlich zur langfristigen Sicherung der eigenen Produktivität und Beschäftigungsfähigkeit genutzt werden.

Wenn nun ein neuer Vorgesetzter bei solchen Bedingungen zusätzlich Job Crafting einführt und meint, etwas Gutes für die Mitarbeitenden und das Unternehmen zu tun, kann das schnell Nachteile mit sich bringen. Denn den eigenen Job neben den Aufgaben anzupassen, kann mehr Druck mit sich bringen und schlussendlich zu Disstress führen (Koruna und Kubicek 2013). Hohe Gestaltungsspielräume stellen nämlich auch zusätzliche Anforderungen und potenzielle Überforderungen dar, die einen zusätzlichen Zusatzaufwand neben den eigentlichen Kernaufgaben bedeuten.

Unterschiedliche Persönlichkeit der Mitarbeitenden: Je nach Persönlichkeit sind Mitarbeitende offen oder weniger offen für Job Crafting. Nicht jede Art des Job Crafting sagt jedem zu. Ein Vorgesetzter muss sich dessen bewusst sein, dass er nicht eine Art von Job Crafting all seinen Mitarbeitern »verordnen« kann (Bipp und Demerouti 2015). Die Herausforderung besteht also in der Vereinheitlichung oder Standardisierung von Job Crafting.

Ineffiziente Arbeitsergebnisse: Wenn kontinuierlich Modifikationen an den Arbeitsmethoden vorgenommen werden nach dem Motto: »Etwas besser geht's immer«, kann das zu verminderter Konzentration der Mitarbeitenden und somit zu Produktivitätsverlusten und schlechten Ergebnissen führen.

Fluktuation: Die Analysen von Rudolph et al. (2017) legen nahe, dass die Verringerung hinderlicher Arbeitsanforderungen mit einer höheren Fluktuationsabsicht und höherer Arbeitsbelastung verbunden ist. Allerdings haben wenige Studien diese Zusammenhänge untersucht und es ist unklar, ob eine Kausalität vorliegt. Tatsächlich besteht die Möglichkeit, dass Job Crafting die Einführung bestimmter Ineffizienzen in Arbeitsprozessen erleichtert, und der am Einzelfall orientierte Charakter von Job Crafting – insbesondere bei aufgaben- und beziehungsorientierten Aktionen – kann zu Konflikten zwischen Teammitgliedern führen.

Unklarheiten: Zusätzlich kann eine zu dynamische Anpassung von Arbeitstätigkeiten ohne interne Abstimmung zu Unklarheiten bezüglich der Rollenverteilung, der Verantwortlichkeiten und der Arbeitsaufgaben führen.

Höhere Kosten: Das Job Crafting kann auch positiv für ein Individuum und negativ für das Unternehmen sein, wenn zum Beispiel die Leitung der Innovationsabteilung gern auf Reisen geht und deshalb neue Märkte erschließen möchte, obwohl das Unternehmen gerade entschieden hat, sich auf den heimischen Markt zu fokussieren (Berg et al. 2008). Es ist also wichtig bei der Einführung von Job Crafting, dass die Mitarbeitenden das gemeinsame Verständnis haben, dass Job Crafting ein Privileg ist und langfristig nur dann möglich ist, wenn es den Unternehmenszielen dient.

Veränderungsbereitschaft seitens des Unternehmens: Was passiert, wenn das Team nach einer Job Crafting-Intervention die Einführung einer Viertagewoche, flexiblere Arbeitszeiten oder zusätzliche Ressourcen fordert? Was liegt im Rahmen des Möglichen und wo werden die Grenzen gezogen? Job Crafting ist also immer auch eine Gratwanderung.

Mangelnde Arbeitsgestaltungskompetenz: Es stellt sich die Frage, wie gut Mitarbeitende ihre Arbeit selbst gestalten und Beziehungen organisieren können, wenn mit Job Crafting nicht mehr Führungskräfte und das Management für die Aufgaben verantwortlich sind, sondern die Beschäftigten zunehmend ihre Arbeit selbst strukturieren und die Rahmenbedingungen, unter denen sie arbeiten, mitgestalten müssen. Damit diese Gestaltungsanforderungen nicht zur Überforderung für Mitarbeiter oder zu ungünstigen Gestaltungslösungen führen, brauchen die Mitarbeiter eine spezifische Kompetenz (Dettmers und Mülder 2020). Es gibt bereits Ansätze zur Steigerung der Job Crafting-Kompetenz, die als Ziel von beruflicher Weiterbildung etabliert werden sollte. Die Vermittlung dieser Kompetenz soll weiterentwickelt und angewendet werden, um die besten Praktiken weiterzugeben. Holmann et al. (2023) stellen fest, dass die Eigenschaften einer Position eine entscheidende Rolle zur Gestaltung von Arbeitsanforderungen sind und indirekte positive Effekte auf das Wohlbefinden und die Arbeitseinstellung haben. Ohne zusätzliche unterstützende Strategien fällt es den Mitarbeitenden aber schwer, Arbeitsanforderungen wie Deadlines, Arbeitsbelastung oder die Komplexität der Aufgaben allein durch die individuelle Gestaltung nachhaltig zu verbessern. Solche Versuche könnten sogar unbeabsichtigt zu erhöhtem Stress und größerer Belastung führen.

Zusammengefasst: Wir haben dir in diesem Kapitel die Vor- und Nachteile von Job Crafting vorgestellt. Die Vorteile aus der Sicht der Mitarbeitenden und der Unternehmen sind zum Teil überlappend.

Dazu gehören:

- die Sinnhaftigkeit der Arbeit,
- das Engagement und die Arbeitszufriedenheit,
- die Innovation und Kreativität,
- das Wohlbefinden, die Gesundheit und die Work-Life-Balance,
- eine erhöhte Leistungsfähigkeit,
- die Erweiterung der Fähigkeiten und Kompetenzen,
- die Identifikation mit dem Unternehmen,
- ein positives Selbstbild,
- gefühlte Selbstwirksamkeit und
- ein positives Betriebsklima.

Zu den Nachteilen für Individuen oder Organisationen beim Job Crafting zählen dagegen:

- fehlende Übereinstimmung mit den Organisationszielen,
- emotionale Belastung und Stress,
- Konflikte mit der Führungskraft,
- Teamkonflikte,
- negative Auswirkungen auf das Engagement und verstärkte Fluktuation,
- zu viel Autonomie,
- Ineffizienz durch kontinuierliche Veränderung,
- Unklarheit bezüglich der Aufgaben und
- höhere Kosten.

Aus unserer Erfahrung heraus können die meisten Nachteile und Herausforderungen minimiert werden, indem dein Unternehmen eine klare Kommunikation pflegt, offen für neue Ideen ist und klare Strukturen und Vorgaben bereitstellt.

Damit dir Job Crafting erfolgreich hilft, die eigene Arbeit oder die Arbeit deiner Mitarbeiter zu stärken, lernst du im folgenden Kapitel typische Abläufe und passende Tools für erfolgreiche Job Craftings kennen.

Typische Abläufe und Tools für ein erfolgreiches Job Crafting

6.1 Überblick Phasen des Job Crafting

Lass uns zuvor eine wichtige Erkenntnis nochmals in Erinnerung rufen:

Wir alle betreiben bereits Job Crafting!

Meistens machen wir das unbewusst. Zudem ist es abhängig von der Persönlichkeit und dem Kontext, in dem wir arbeiten, wie stark wir unsere Arbeit und unser Umfeld proaktiv gestalten. Ziel eines erfolgreichen Job Crafting ist aber ein bewusstes, reflektiertes Vorgehen.

Klar ist, Job Crafting dient in erster Linie dem Individuum. Es nützt dem Einzelnen aber nichts, wenn er dabei den größeren Kontext außer Acht lässt, sprich das Unternehmen, die Arbeitskollegen und sein Privatleben. Veränderungen werfen manchmal auch ungewollte Wellen und können andere betreffen – ob wir wollen oder nicht.

Bei allen Entscheidungen gilt es für dich also zu überprüfen, inwiefern diese die Ziele deines Arbeitgebers, die Aufgaben der anderen Teammitglieder und das eigene Privatleben tangieren werden. Als Orientierung für die eigene Vorgehensweise bewährt sich in der Praxis die Anlehnung an folgende Prozessphasen (Müller 2013, siehe Abbildung 12):

1. **Reflexionsphase:** Analyse der Arbeitssituation und Identifikation des Job Crafting,

2. **Craftingphase:** Ausarbeitung und Umsetzung eines Job Crafting-Plans,

3. **Follow-up-Phase:** Überprüfung und Reflexion der initiierten Veränderungen.

12 | Job Crafting-Phasen

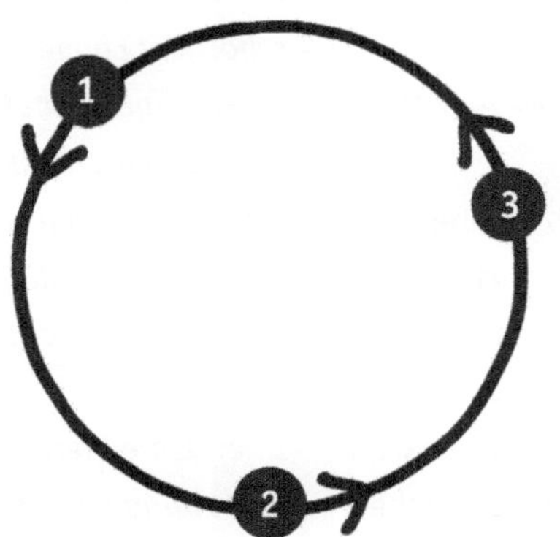

REFLEXIONSPHASE
Analyse der Arbeitssituation und Identifikation des Job Crafting

FOLLOW-UP-PHASE
Überprüfung und Reflexion der initiierten Veränderungen

CRAFTINGPHASE
Ausarbeitung und Umsetzung eines Job Crafting-Plans

6.2 Reflexionsphase: Job Crafting identifizieren

»Da alles eine Reflexion deines Verstandes ist, kann dein Verstand auch alles verändern.«

Buddha, indischer Weisheitslehrer und Begründer des Buddhismus

In der Reflexionsphase geht es darum, dass du über deine aktuelle Arbeitssituation Klarheit gewinnst. Denn um Veränderungen erfolgreich umzusetzen, ist es unerlässlich, vorgängig die Ausgangslage genau zu verstehen. Wie passen also aktuell deine Stärken, Interessen und Werte zu deiner Aufgabe und deinem beruflichen Umfeld? Mit welchen Bereichen bist du zufrieden und wo drückt der Schuh? Wo besteht am meisten Veränderungs- und Handlungsbedarf? Wie kannst du deine vorhandenen Ressourcen besser in Übereinstimmung mit den Anforderungen in deinem Job bringen?

Anna, vierzig Jahre, Juristin im Gesundheitsdepartement einer kantonalen Verwaltung

Anna fühlt sich seit Längerem müde und ausgebrannt. Die Aufgaben rund um die Einsprachen und Beschwerden langweilen sie zunehmend. Sie überlegt sich deshalb schon seit Längerem, sich beruflich neu zu orientieren und zu kündigen, aber sie fühlt sich im Team sehr wohl und wertgeschätzt. Auch mit ihrem Vorgesetzten versteht sie sich gut. Dann liest Anna in einer Zeitschrift von Job Crafting und beschließt, ihrem aktuellen Arbeitgeber nochmals eine Chance zu geben.

In einem ersten Schritt macht sie eine schriftliche Auslegeordnung und überlegt sich, was ihre Stärken und Talente sind, welche Aufgaben sie besonders gern macht und welche sie lieber delegieren oder abgeben würde. Außerdem schaut sie sich an, welche Arbeitsabläufe sie eventuell effizienter gestalten könnte, was sie am meisten belastet und welche neuen Aufgaben sie interessieren würden. Dazwischen sucht sie das Gespräch mit engen Freunden und Kollegen und fragt sie, wo ihrer Ansicht nach ihre persön-

lichen Stärken liegen. Auf diese Weise erhält sie ein zunehmend differenzierter Bild über ihre aktuelle Situation und ihren Wunschjob beim jetzigen Arbeitgeber.

Mit den Tools und Methoden in diesem Kapitel kannst du – genau wie Anna in Beispiel oben – eine Bestandsaufnahme für dich machen und so deine aktuelle Arbeitssituation mit all ihren Freuden und Belastungen analysieren, bewerten und erste, kleine (oder auch größere) Schritte zur Veränderung festlegen (siehe Abbildung 12 auf Seite 107).

Einige Anpassungen bei deinen Arbeitsaufgaben kannst du ohne Wissen deines Chefs vornehmen. Bei anderen wiederum ist es zwingend notwendig, dass du vorgängig die Einwilligung deines Vorgesetzten oder deiner Personalabteilung einholst (zum Beispiel, wenn du Arbeiten aus einer anderen Abteilung übernehmen möchtest).

Am besten besprichst du deine Wünsche und Bedürfnisse offen und ehrlich mit deinem Chef. So kannst du sicherstellen, dass deine Ziele und Veränderungswünsche im Einklang mit denjenigen des Arbeitgebers stehen und du auch die nötige Unterstützung »von oben« erhalten kannst (Dettmers und Uglanova 2022, Müller 2013, Rose 2021).

Wenn du selbst Führungskraft bist, ist diese erste Phase des Job Crafting für dich insofern von großer Bedeutung, weil hier für dich mögliche Ansatzpunkte für ein Unterstützen und Fördern sichtbar werden. Da jeder Mensch bewusst oder unbewusst Job Crafting betreibt, ist es deine Aufgabe zu erkennen, wann der Mitarbeitende sich in einer Reflexionsphase befindet. Du kannst an konkreten Äußerungen deines Mitarbeitenden überdies feststellen, dass bei ihm ein Job Crafting-Prozess abläuft. Zum Beispiel am Interesse für Themen oder Personen, welche die Grenzen des eigenen Arbeitsgebietes überschreiten, oder an Bemerkungen über Unzufriedenheit mit der Arbeitssituation sowie Beanstandungen oder Klagen, aber auch an proaktiven Lösungsvorschlägen (Müller 2013).

»Es ist der Problemlösungswille und die Problemlösungsfähigkeit, die Job Crafter von Dauernörglern unterscheiden.«

Eva B. Müller, Psychologin, Erwachsenenbildnerin und Autorin

Je nach Umfang der Führungsspanne, deinen bisherigen Führungserfahrungen und dem Mitteilungsbedürfnis deines Mitarbeitenden kann es aber durchaus vorkommen, dass du sein Veränderungsbedürfnis erst spät entdeckst und sich der Betreffende bereits in einer Crafting-Phase befindet. Das ist okay, denn nicht alles muss von dir ausgehen.

In jedem Fall ist es zentral, dass du aktiv das Gespräch mit der Mitarbeiterin oder dem Mitarbeiter über die berufliche Situation, Lösungsvorschläge und Ziele suchst. Unabhängig davon, ob du das »eigenmächtige« Handeln deines Mitarbeitenden innerlich begrüßt oder ablehnst. Du erhältst durch einen Austausch wichtige Informationen über Interessen, Neigungen und Beweggründe. Zudem kannst du auf diese Weise nicht nur aktiv in den Prozess der Selbstregulation eingreifen und die Übereinstimmung etwaiger Job Crafting-Aktivitäten mit den Zielen des Teams und der Firma sicherstellen, sondern du kannst so auch besser Mitarbeitende optimal unterstützen und fördern. Es gilt, Talente und Potenziale zugunsten der gesamten Unternehmung einzusetzen. Oder wie Rose (2021) es so wunderbar formuliert:

»Job Crafting ist eine Art Brücke ins Land des Empowerments.«

Nico Rose, Diplom-Psychologe und Autor

Schließlich dürfen wir nicht vergessen, dass die Mitarbeitenden Job Crafting-Aktivitäten oftmals so oder so ausüben, weil dies einem innersten Bedürfnis nach Kontakt, Kompetenz und Weiterentwicklung entspricht. Möchtest du als Vorgesetzter dann nicht die proaktive Energie deiner Teammitglieder aufnehmen und zum Erreichen deiner Gruppenziele nutzen? Möchtest du nicht Initiativen verschiedener Personen wenn nötig ausgleichen und integrieren?

6.3 Tools für die Reflexionsphase

»Erfolg hat drei Buchstaben: TUN.«

Johann Wolfgang von Goethe,
deutscher Dichter, Politiker und Naturforscher

Das Ziel der Reflexionsphase ist, dass du dir Gedanken über dich, deine Aufgaben und Tätigkeiten, deine Beziehungen und die Organisation machst. Tauche mit einem gesunden Selbstbewusstsein in diese erste Phase ein. Schau dir die vorgestellten Tools an und suche intuitiv diejenigen aus, die dich ansprechen. Du kannst dich aber auch von oben nach unten durch die Reflexionsanleitungen durcharbeiten.

Wir wünschen dir viel Freude und Einsicht, Geduld und etwas Humor zur Unterstützung.

Tipp: Du findest in der Online-Toolbox sämtliche Tools als PDF zum Download vorbereitet.

Tool 1 – Selbstreflexion und Zukunftsplanung

AUF EINEN BLICK

ZIEL: Sich selbst klarer erkennen.

WARUM? Das Ziel der Selbstreflexion ist zu erkennen, ob deine Gefühle, Gedanken und dein Handeln mit deinem Inneren übereinstimmen. Sie hilft, deine Ziele zu überdenken und eine klare Vision für deine Zukunft zu entwickeln. Wenn du dich kennenlernst, kannst du auch besser auf andere Menschen eingehen und adäquat kommunizieren.

FÜR WEN? ☑ Mitarbeiter, ☐ Führungskraft, ☐ Team, ☐ Coach, ☐ HR, ☐ Berater

ZEITRAHMEN: Fünfzehn Minuten

WAS WIRD BENÖTIGT? Ungestörter Raum, Papier, Schreibzeug.

HERAUSFORDERUNGEN: Ungeduld, wenn du die Antwort nicht direkt findest.

VORBEREITUNG: Stelle sicher, dass du ungestört bist.

Vorgehen: Setze dich auf den Stuhl und schließe deine Augen. Geh mit deiner Aufmerksamkeit zu deinem Atem und bleibe einen Moment bei ihm. Beobachte, wie du ein- und ausatmest. Versuche, dich wahrzunehmen und bei dir zu bleiben. Öffne nun wieder deine Augen.

Nimm dir nun zehn Minuten Zeit, um folgende Fragen intuitiv zu beantworten. Beantworte die Fragen dabei ehrlich und zügig.

Fragenkatalog zum Tool »Selbstreflexion«

1. Wie würde dich eine nahe Person beschreiben?
2. Zu welcher Person möchtest du dich entwickeln?
3. Was sind deine beruflichen Ziele und in welchem Zeitraum willst du diese erreichen?
4. Bist du auf dem richtigen Weg, um diese zu erreichen?
5. Was sind deine Wünsche?
6. Wenn du etwas aus deinem Leben streichen könntest, was wäre das?
7. Was müsste verändert werden, damit es die größte Entlastung gibt?
8. Welche drei Dinge haben letzte Woche in dir gute Gefühle ausgelöst?
9. Was lief letzte Woche schief? Was würdest du in dieser Situation anders machen?
10. Was hast du letzte Woche gemacht für einen oder wegen eines anderen Menschen? Warum?

Hast du alles notiert, was im Moment wichtig ist? Gibt es weitere Gedanken, die du dir gern noch aufschreiben möchtest?

Reflexionsfragen: Wie geht es dir nach dieser Selbstreflexion? Welche Frage würdest du zusätzlich gern beantworten?

Nachbereitung: Wir empfehlen dir, regelmäßig auf die Resultate der Selbstreflexion zurückzukommen und diese zu ergänzen.

Weitere Informationen: Du findest im Buchhandel viele Bücher zum Thema »Selbstreflexion«. Wenn du mehr Unterstützung wünschst, kannst du dich auch bei einem Coach melden. Vergiss aber nicht: schlussendlich musst du reflektieren – unabhängig davon, welches Angebot du nutzt.

Tool 2 – Stärken: der Schlüssel zum Erfolg

Auf einen Blick

Ziel: Herauskristallisieren und Benennen deiner eigenen Stärken.

Warum? Ein Grundprinzip der positiven Psychologie ist es, sich auf seine Stärken zu konzentrieren – Deine natürlichen Talente und Fähigkeiten. Diese helfen dir, persönliche und berufliche Herausforderungen zu meistern. Das Bewusstsein über eigene Stärken kann deinen beruflichen Erfolg, deine Lebensfreude und deine Beziehungen deutlich verbessern.

Für wen? ☑ Mitarbeiter, ☑ Führungskraft, ☑ Team, ☑ Coach, ☐ HR, ☐ Berater

Zeitrahmen: Dreißig bis sechzig Minuten.

Was wird benötigt? Ungestörter Raum, Papier, Schreibzeug, Stärkenliste.

Herausforderungen: Unter all den Stärken diejenigen zu identifizieren, die wirklich entscheidend sind.

Vorbereitung: Optional kannst du die Liste mit den Stärken aus der Online-Toolbox downloaden und ausdrucken.

Vorgehen: Dieses Tool besteht aus zwei Abschnitten »Schritt 1: Stärken auswählen« und »Schritt 2: Fremdbild einholen«.

Schritt 1: Stärken auswählen

Lies die folgenden Stärken, Fähigkeiten und Talente in Ruhe durch (auf der nächsten Seite).

Markieren alle Stärken, die für dich zutreffend sind. Folge dabei deinen Impulsen und deiner Intuition. Entscheide dich ohne langes Nachdenken.

Wähle mindestens fünfzehn Punkte aus!

Falls du zum Beispiel eine ausgezeichnete Köchin oder ein ausgezeichneter Koch bist, kannst du diese Stärke in eine der leeren Zeilen eintragen.

»Sei stark für Dich. Dann bist Du es auch für andere.«

Klaus Siebold, deutscher Politiker

Stärken, Fähigkeiten und Talente				
analytische Fähigkeit	Einfühlungsvermögen	Intuition	Organisationstalent	Teamfähigkeit
Aufgeschlossenheit	Enthusiasmus	Kommunikationsfähigkeit	Pragmatismus	Teamwork
Aufrichtigkeit	Entscheidungsfähigkeit	Konfliktfähigkeit	Praktikabilität	Toleranz
Ausdauer	Entschlossenheit	Kontaktfähigkeit	Pünktlichkeit	Treue
Ausdrucksfähigkeit	Erfindergeist	Koordinationsfähigkeit	Realitätssinn	Überzeugungskraft
Ausgeglichenheit	Fairness	Kreativität	Resilienz	Unabhängigkeit
Authentizität	Fantasie	Kritikfähigkeit	Risikobereitschaft	Unternehmungslust
Autorität	Feinfühligkeit	Lebhaftigkeit	Sachlichkeit	Urteilsvermögen
Begeisterungsfähigkeit	Flexibilität	Leidenschaftlichkeit	Selbstbewusstsein	Verantwortungsbewusstsein
Beharrlichkeit	Freundlichkeit	Leistungsbereitschaft	Selbsterkenntnis	Vergebungsbereitschaft
Belastbarkeit	Führungsvermögen	Leitungskompetenz	Selbstregulation	Verlässlichkeit
Bescheidenheit	Gäste bewirten	Lernbereitschaft	Selbstständigkeit	Vermittlungskompetenz
Besonnenheit	Geduld	Loyalität	Selbstvertrauen	Vertrauenswürdigkeit
Beständigkeit	Gelassenheit	Mitreißfähigkeit	Sinn fürs Schöne	Vielseitigkeit
Bindungsfähigkeit	Genussfähigkeit	Mut	Sorgfältigkeit	visionäres Denken
Charme	Glaubwürdigkeit	Natürlichkeit	soziale Intelligenz	Weisheit
Dankbarkeit	Großzügigkeit	Naturverbundenheit	Spiritualität	Weltoffenheit
Delegationsfähigkeit	Hartnäckigkeit	Netzwerken	Spontaneität	Zielstrebigkeit
Disziplin	Hilfsbereitschaft	Neugier	Standhaftigkeit	Zufriedenheit
Dominanz	Hoffnung	Offenheit	Struktur schaffen	Zuverlässigkeit
Durchsetzungskraft	Humor	Optimismus	Tapferkeit	
Eigeninitiative	Innovationsfähigkeit	Ordnungssinn	Tatendrang	

Schau dir deine Auswahl am Schluss erneut an. Wähle die zehn Stärken, die dich am besten beschreiben.

1.

2.

3.

4.

5.

6.

7.

8.

9.

10.

Wähle aus diesen zehn Stärken nochmals die drei bis vier Stärken aus, die wirklich herausstechen. Schreibe diese Stärken auf.

1.

2.

3.

4.

Denke nun an drei Situationen aus den letzten vier Wochen, in denen jeweils eine dieser Stärken aktiv war. Schreibe diese Situationen auf.

Welche Stärke war nicht aktiv? Oder welche Stärken möchtest du bewusst häufiger einsetzen?

Notiere dir ein oder zwei Möglichkeiten, wie du das in den nächsten Wochen machen möchtest.

Das Bewusstwerden der eigenen Stärken und das Verarbeiten helfen dir mental, genau diese Stärken zu festigen.

Schritt 2: Fremdbild einholen

Bei dieser Methode kann es sehr hilfreich sein, wenn du eine vertraute Person um Feedback bittest. Gib dieser Person die Liste mit den Stärken und bitte sie, die herausragendsten Stärken, die dich wirklich charakterisieren, auszuwählen und jeweils ein Beispiel dafür zu schildern.

Reflexionsfragen: Wie stark stimmen diese Fremdbilder mit deiner Selbsteinschätzung überein? Sehen andere ähnlich viele Stärken wie du? Gibt es Stärken, die du nicht als Stärken wahrgenommen hast? Und auf der anderen Seite: Gibt es Stärken, die deine Mitmenschen nicht wahrnehmen? Was must du anpassen, damit diese bisher nicht erkannten Stärken klarer gelebt werden können? Lebst du oder nutzt du deine Stärken bei deiner Arbeit?

Nachbereitung: Nimm in den folgenden zwei Wochen dein Stärkenblatt am Ende des Tages hervor. Gehe in Gedanken durch den Tag und notiere zusätzliche Beispiele, wo du deine ausgewählten Stärken genutzt hast.

Anpassungen des Tools: Dieses Tool kannst du auch über einen längeren Zeitraum aktiv in den Alltag einbauen.

Eine weitere Möglichkeit besteht darin, im Alltag zu beobachten, welche Stärken andere Menschen besitzen und welche davon dich ansprechen, die du bei dir selbst weiterentwickeln möchtest.

Fremdbild im Team: Wir haben mit diesem Tool in Teams oder kleinen Gruppen ebenfalls gute Erfahrungen gemacht. Dafür nehmen sich die Gruppenmitglieder Zeit, für die anderen die jeweiligen Stärken auszusuchen. Im Idealfall untermalst du die Stärken immer mit einem Beispiel aus dem Berufsalltag.

Weitere Informationen: Die Universität Zürich bietet über das Psychologische Institut kostenlos den VIA-Stärken-Fragebogen an. Der Fragebogen ist sehr ausführlich, wurde wissenschaftlich validiert und besteht aus zweihundertvierundsechzig Fragen. Du kann diesen Stärkentest auf Deutsch hier finden: *https://charakterstaerken.org*.

Tool 3 – Der Wertekompass

Auf einen Blick

Ziel: Gewinne eine Übersicht über deine wichtigsten Werte.

Warum? Das Wort »Wert« bedeutet im Germanischen kostbar. Deine eigenen Werte fungieren als ein innerer Kompass, der Entscheidungen unterstützt und deine Einzigartigkeit ausdrückt. Anders als Stärken sind Werte grundlegende Überzeugungen, die deine Handlungen und Interaktionen leiten und sich im Laufe des Lebens ändern können.

Für wen? ☑ Mitarbeiter, ☑ Führungskraft, ☑ Team, ☑ Coach, ☐ HR, ☐ Berater

Zeitrahmen: Ab dreißig Minuten.

Was wird benötigt? Ruhige Umgebung, Papier, Schreibzeug.

Herausforderungen: Werte zu identifizieren ist komplex. Achte darauf, wirklich deine eigenen Werte zu finden und nicht die Erwartungen der Gesellschaft, deiner Führungskraft oder deiner Familie zu übernehmen.

Vorbereitung: Optional kannst du die Werteliste und Rollen-Werte-Tabelle aus der Online-Toolbox downloaden und ausdrucken.

Vorgehen: Dieses Tool besteht aus »Schritt 1: Werteliste« und »Schritt 2: Rollen-Wert-Tabelle«.

Schritt 1: Werteliste

Schau dir die folgende Liste an und streich spontan alle Werte an, die dir wichtig sind.

Abenteuer	Empathie	Humor	Optimismus	Tapferkeit
Achtsamkeit	Engagement	Individualismus	Ordnung	Tradition
Akzeptanz	Erfolg	Integration	Pragmatismus	Transparenz
Anerkennung	Ethik	Integrität	Präsenz	Treue
Aufmerksamkeit	Fairness	Intuition	Prestige	Tüchtigkeit
Ausdauer	Fantasie	Klugheit	Professionalität	Unabhängigkeit
Autonomie	Freiheit	Kompetenz	Pünktlichkeit	Verantwortung
Balance	Freude	Konsens	Rationalität	Verlässlichkeit
Begeisterung	Freundlichkeit	Kontrolle	Resilienz	Vernetzung
Beharrlichkeit	Fürsorglichkeit	Kooperation	Rücksichtnahme	Vision
Bescheidenheit	Gastfreundschaft	Kreativität	Ruhe	Wahrheit
Besonnenheit	Geduld	Lachen	Ruhm	Weisheit
Beziehung	Gelassenheit	Lebenslust	Sauberkeit	Weitsicht
Charisma	Gemeinschaft	Leidenschaft	Schutz	Wertschätzung
Dankbarkeit	Gerechtigkeit	Leistung	Selbstdisziplin	Willenskraft
Demut	Großzügigkeit	Loyalität	Sicherheit	Zielstrebigkeit
Dialog	Harmonie	Macht	Sinnhaftigkeit	Zugehörigkeit
Disziplin	Heimat	Mut	Solidarität	Zuneigung
Dominanz	Heldentum	Nachhaltigkeit	Sorgfalt	Zuverlässigkeit
Effizienz	Herzlichkeit	Neugier	Spaß	
Ehre	Hingabe	Neutralität	Stabilität	
Ehrlichkeit	Hoffnung	Offenheit	Standfestigkeit	

Falls du deinen Wert nicht gefunden hast, kannst du ihn in die freien Zeilen schreiben.

Versuch im nächsten Schritt aus deiner Auswahl die wichtigsten fünf bis sechs Werte herauszukristallisieren. Falls dir das schwerfällt, kannst du die Werte in Gruppen einteilen und dann den Wert heraussuchen, der diese Wertegruppe am besten beschreibt.

Schreib hier deine wichtigsten Werte auf:

1. ______________________________

2. ______________________________

3. ______________________________

4. ______________________________

5. ______________________________

6. ______________________________

Übertrage nun die Werte in die Rollen-Werte-Tabelle auf der nächsten Seite (Abbildung 14).

Tipp: Alternativ kannst du die Werte auf Post-its schreiben, damit du diese flexibel verschieben kannst.

Schritt 2: Rollen-Werte-Tabelle

Überlege dir nun im nächsten Schritt, welche Rollen du in deinem persönlichen und beruflichen Alltag leben oder auch mehr leben willst.

Schreibe diese Rollen in der Rollen-Werte-Tabelle in die linken Spalte (wie im Beispiel Abbildung 13). Du kannst die Rollen-Werte-Tabelle (Abbildung 14) aus der Online-Toolbox downloaden und ausdrucken. Notiere dir dazu deine Werte in die Kästchen unter »Werte«.

⇉ 13 | Beispiel der Rollen und Werte ⇇

Rollen	Werte					
	Freiheit	Sicherheit	Beziehung	Freude	Wertschätzung	**Rollenrang (Punkte)**
Software-Entwicklung	4	6	1	2	5	**2 (18)**
Mutter	4	3	5	5	2	**1 (19)**
Präsidentin Verein	4	1	3	3	6	**3 (17)**
Sport	5	1	4	5	1	**4 (16)**
Werterang (Punkte)	**1 (17)**	**5 (11)**	**4 (13)**	**2 (15)**	**3 (14)**	

14 | Workbook Rollen und Werte

Tätigkeit	Werte						Rollenrang (Punkte)
Werterang (Punkte)							

Gib nun jeder Rolle eine Bewertung zwischen 1 und 6. 1 steht für »passt überhaupt nicht« und 6 für »passt sehr gut«.

Addiere unter »Rollenrang« die Zahlen horizontal.
Addiere unter »Werterang« die Zahlen vertikal.

Reflexionsfragen: Lehne dich nun zurück und betrachte deine Rollen-Werte-Auswertung (Abbildung 14). Welche Werte kannst du in welcher Rolle leben? Welche Werte werden momentan kaum gelebt? Was müsste anders sein, damit du deine Werte mehr leben kannst?

Nachbereitung: Wie kannst du diese Werte mehr in dein Leben integrieren?

Anpassung des Tools: Im zweiten Schritt der Rollen-Werte-Tabelle kannst du die Rollen auch durch Tätigkeiten bei der Arbeit ersetzen. Natürlich kannst du den Wertekompass auch in einer Gruppe durchführen. Schaue bewusst darauf, dass keine Wertigkeit der Werte entsteht. Falls du diese Übung in der Gruppe durchführst, kannst du den einzelnen Teilnehmenden ein Flipchart-Papier und Post-its zur Verfügung stellen. Damit haben sie mehr Flexibilität.

Weitere Informationen: Möchtest du dich vertieft mit Werten auseinandersetzen, empfehlen wir dir das Kapitel 4 aus dem Buch »Das Design humaner Unternehmen« von Hoffmann-Ripken und Barrueto (2023). In dem Kapitel wird die Spiral-Dynamik-Theorie vorgestellt, welche die natürliche Entwicklung von Werten untersucht.

Eine weitere Möglichkeit, Werte zu ordnen, bietet das Kartenset »Werte und Haltung«, das du über *www.barrueto.ch* beziehen kannst.

Du findest viele weitere Webseiten mit detaillierter Beschreibung von Werten wie *www.values-academy.de/werte-lexikon/alle-werte*.

Tool 4 – Logbuch: Zeit und Energie der Tätigkeiten

Auf einen Blick

Ziel: Gewinne eine Übersicht über deine Tätigkeiten sowie die Zeit und Energie, die diese in Anspruch nehmen.

Warum? Eine wesentliche Grundlage für das Job Crafting besteht darin, die Zeit und die Energie zu kennen, die deine Arbeitstätigkeiten erfordern.

Für wen? ☑ Mitarbeiter, ☐ Führungskraft, ☑ Team, ☐ Coach, ☐ HR, ☑ Berater

Zeitrahmen: Zwischen fünfzehn und dreißig Minuten.

Was wird benötigt? Ruhiger Raum, Papier, Schreibzeug.

Herausforderungen: Berufliche Tätigkeiten in ein paar Stichwörter zusammenzufassen.

Vorbereitung: Optional kannst du das Tool »Zeit und Energie Ihrer Tätigkeiten« aus der Online-Toolbox downloaden und ausdrucken.

Vorgehen: Dieses Tool besteht aus »Schritt 1: Zeitaufwand der Arbeitstätigkeiten« und »Schritt 2: Energie der Arbeitstätigkeiten«.

Schritt 1: Zeitaufwand der Arbeitstätigkeiten

Notiere dir die verschiedenen Tätigkeiten, die du in deinem beruflichen Alltag durchführst.

Tätigkeit	Zeit in Prozent
1.	
2.	
3.	
4.	
5.	
6.	

Wenn deine ganze Arbeitszeit hundert Prozent ist, wie viel Prozent der Arbeitszeit macht jede Tätigkeit im Schnitt aus? Notiere die Prozentzahl in der rechten Spalte.

Folgendes Beispiel zeigt die Aufteilung von Yvan, einem dreißigjährigen Verkaufsberater.

15 | Zeitaufwand der Arbeitstätigkeiten eines Verkaufsberaters

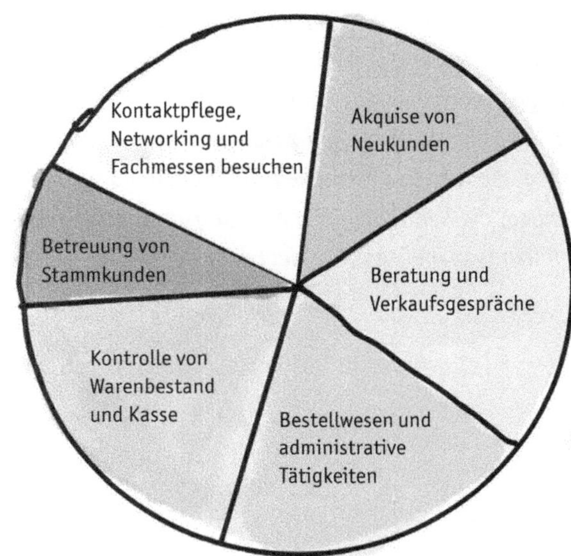

Schritt 2: Energie der Arbeitstätigkeiten

In diesem Schritt wirst du bestimmen, wie viel Energie die einzelnen Arbeitstätigkeiten erfordern. Schau dir zuerst wieder das Beispiel von Yvan an (Abbildung 16).

Yvan, dreißig Jahre, Verkaufsberater

Yvans Profil zeigt, dass für ihn die Kontaktpflege und Akquise von Neukunden sehr viel Energie braucht. Im Coachinggespräch hat er uns erzählt, dass er es nicht mag, auf unbekannte Menschen zuzugehen oder Menschen von einem Produkt zu überzeugen. Die Betreuung von Stammkunden, die Beratung und die Verkaufsgespräche hingegen erfüllen Yvan meistens mit viel Energie. Er blüht auf, wenn er interessierte Klienten über ein Produkt informieren kann und auf spürbares Interesse stößt. Da Yvan in der Beratung auf den Klienten eingehen muss, kann das auch mal Energie kosten. Vor allem wenn es sich um einen sehr kritischen Klienten handelt. Meistens aber mag er die Verkaufsgespräche, die auch sehr persönlich sein können. Yvan hat zudem angegeben, dass das Bestellwesen spannend sein kann, aber auch die Tendenz hat, eintönig zu sein. Sehr neutral nahm er die Kontrolle über den Warenbestand und die Kasse wahr. Das macht er, ohne es groß zu hinterfragen.

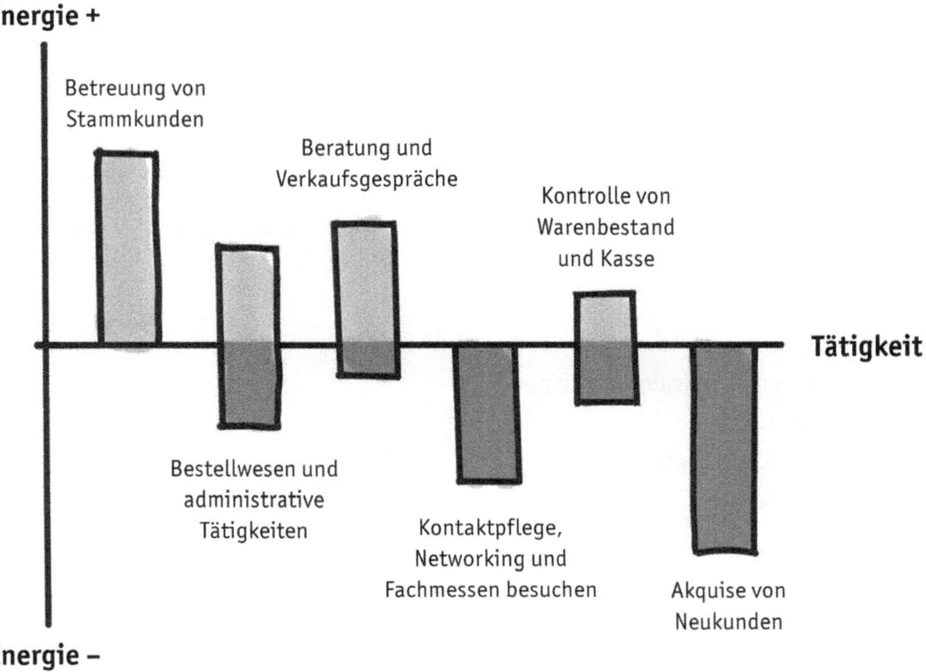
16 | Energiebilanz der Arbeitstätigkeiten eines Verkaufsberaters
Energie +
Betreuung von Stammkunden
Beratung und Verkaufsgespräche
Kontrolle von Warenbestand und Kasse
Tätigkeit
Bestellwesen und administrative Tätigkeiten
Kontaktpflege, Networking und Fachmessen besuchen
Akquise von Neukunden
Energie –

Übertrage im nächsten Schritt deine Aktivitäten in das Balkendiagramm (Abbildung 17).

Überlege, wie viel Energie dich die einzelnen Tätigkeiten kosten respektive wie viel Energie dir die Tätigkeiten geben.

Überrascht dich die Visualisierung der zeitlichen Aufteilung deiner Tätigkeiten (Schritt 1) sowie der Energie, die sie dir geben oder nehmen (Schritt 2)? Wie fühlst du dich dabei?

Reflexionsfragen

- Welche Aspekte erschweren die Ausführung deiner Aufgaben (Arbeitsbelastungen)?
- Und welche erleichtern sie oder motivieren dich besonders (Arbeitsressourcen)?

17 | Die heutige Energiebilanz deiner Tätigkeiten

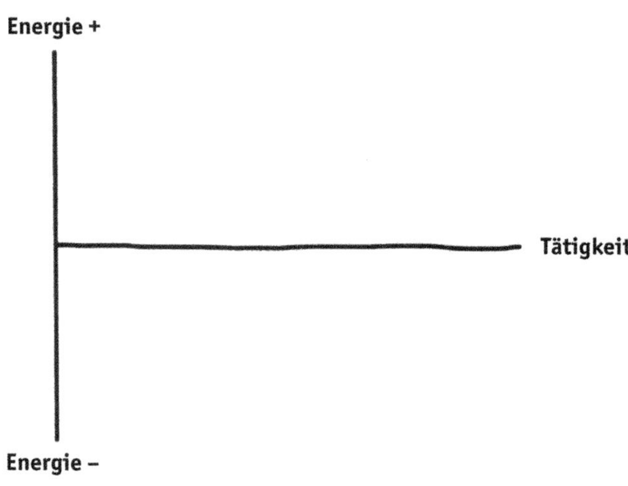

Wenn du nun frei entscheiden könntest, wie würde deine zukünftige Energiebilanz aussehen? Trage deine zukünftige Energiebilanz deiner heutigen Tätigkeiten in Abbildung 18 ein.

Wie verändert sich dadurch der Zeitaufwand der Tätigkeiten?

Nachbereitung: Lass diese Erkenntnisse wirken. Überprüfe in zwei Wochen, ob die Tätigkeiten die gleiche zeitliche und energetische Verteilung haben.

Anpassungen des Tools: Anstelle der beruflichen Tätigkeiten könnest du das gleiche Diagramm auch für alle Haushaltsaktivitäten oder andere Aufgaben erstellen.

Weitere Informationen: Unter *jobcrafting.com* findest du gegen Bezahlung die Möglichkeit, die englische interaktive Online-Plattform zu nutzen und deine Tätigkeiten zu visualisieren.

18 | Die zukünftige Energiebilanz deiner Tätigkeiten

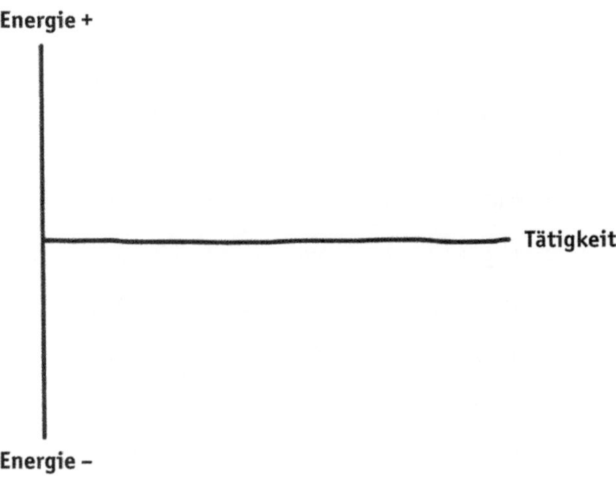

Tool 5 – Den Traumjob spinnen

Auf einen Blick

Ziel: Durch Öffnen des Horizonts neue Ideen zulassen.

Warum? Träume zu spinnen und Visionen zu entwickeln ist ein wichtiger Schritt in eine klare Richtung. Denn wenn dir die Richtung fehlt, übernimmst du oft die Richtung von anderen. Eine klare eigene Vision deines Traumjobs schützt dich davor und lässt dich selbstbestimmt deinen Weg gehen.

Für wen? ☑ Mitarbeiter, ☑ Führungskraft, ☑ Team, ☑ Coach, ☐ HR, ☑ Berater

Zeitrahmen: Je nach Format fünfzehn bis sechzig Minuten.

Was wird benötigt? Ruhiger Raum, Papier, Schreibzeug.

Herausforderungen: Offenes Denken, Unerreichbares zulassen und die innere kritische Stimme im Hintergrund ruhig werden lassen.

Vorbereitung: Das Tool 4 »Logbuch: Zeit und Energie der Tätigkeiten« kann dich bei der Vorbereitung unterstützen.

Vorgehen: Schließe für ein paar Atemzüge die Augen. Stelle dir vor, dass du zaubern und drei Aufgaben verschwinden lassen könntest. Welche drei deiner Aufgaben würdest du gern aus deinem aktuellen Portfolio entfernen? Vielleicht sind das diejenigen Tätigkeiten, die dir die meiste Energie nehmen?

1. ____________________

2. ____________________

3. ____________________

Schließe erneut deine Augen. Was würde sich anders anfühlen, wenn du diese drei Tätigkeiten streichen könntest? Notiere in ein paar Worten die Gefühle oder Worte, die dir durch den Kopf gehen.

Erlaube dir, zu träumen und weit zu denken: Welche drei anderen Themen oder Tätigkeiten würdest du gerne hinzunehmen?

1. ____________________

2. ____________________

3. ____________________

Lass diese Erkenntnisse nun mit geschlossenen Augen wirken. Was empfindest du in deinem Körper? Welche Gedanken gehen dir durch den Kopf?

Reflexionsfragen

- Was fällt dir beim Durchlesen der Antworten auf? Überrascht dich etwas?
- Gibt es Themen, die dir bekannt sind, bei denen du aber bis jetzt nichts unternommen hast, um sie in die Realität zu holen?

Nachbereitung: Als Nachbereitung eignet sich die »Anleitung 5 – Erfolgstagebuch« Seite 192.

Anpassungen des Tools: Alternativ kannst du diese Übung auch im Team durchführen. Die einzige Herausforderung besteht darin, transparent und realistisch über den Zweck der Übung zu kommunizieren. Die Übung eignet sich aber nicht nur für den Arbeitsbereich, sondern kann auch genutzt werden, um eine persönliche Vision für einen Lebensabschnitt zu entwickeln.

Weitere Informationen: Zum Thema »Visionen« gibt es zahlreiche Bücher, Beiträge und Zeitungsartikel. Darüber hinaus kann dir ein Coach helfen, deine Vision und deren Bedeutung klarer zu definieren. Es gibt auch Wochenendseminare oder Visionsreisen, um deiner persönlichen Vision näher zu kommen.

Tool 6 – Identifikation von Vorbildern

AUF EINEN BLICK

ZIEL: Reflektiere, welche Menschen dir als Vorbild dienen und welche Eigenschaften du an ihnen schätzt.

WARUM? Vorbilder prägen die eigene Identität (Daum und Gampe 2016) und sind ein Spiegel der Persönlichkeit. Sie helfen bei Fragen wie: »Wer bist du und wer willst du sein?« und »Wie sehen dich die anderen?« Auch im Erwachsenenalter dienen Vorbilder als Orientierung auf dem Karriereweg, inspirieren und fördern die Entfaltung des vollen Potenzials.

FÜR WEN? ☑ Mitarbeiter, ☐ Führungskraft, ☑ Team, ☑ Coach, ☐ HR, ☐ Berater

ZEITRAHMEN: Je nach Tiefe der Übung zehn bis zwanzig Minuten.

WAS WIRD BENÖTIGT? Ruhiger Raum, Papier, Schreibzeug.

HERAUSFORDERUNGEN: Offen bleiben und nicht durch den kritischen Blick verwirren lassen.

VORBEREITUNG: Optional kannst du das Tool »Identifikation von Vorbildern« aus der Online-Toolbox downloaden und ausdrucken.

Vorgehen: Nimm dir ein leeres Blatt und schreib die Menschen aus deinem persönlichen oder beruflichen Umfeld auf, zu welchen du positive Gefühle hast.

____

____

____

____

Was hat diese Person getan, dass sie dich inspiriert oder beeindruckt hat? Würdest du diese Person als Vorbild für dieses Verhalten sehen?

Wie steht dieses Verhalten in Bezug zu dir? Ist es bereits eine deiner Stärken oder ein Verhalten, das du gern ausbauen würden?

Wie kannst du dieses Verhalten in deinen Arbeitsalltag integrieren?

Reflexionsfragen:

- Wann oder für wen bist du ein Vorbild?
- Gibt es Menschen außerhalb deines Berufsumfelds, die für dich ein Vorbild sind?

Nachbereitung: Sei offen für weitere Vorbilder in deinem Leben. Du wirst überrascht sein, wer dich alles inspirieren wird.

Anpassungen des Tools: Dieses Tool kann auch in einer Teamentwicklung angewendet werden. Dafür schreiben die Teammitglieder Stärken oder Verhaltensweisen der anderen auf, welche sie persönlich inspirierend finden. Der Austausch findet danach in kleinen Gruppen statt.

Weitere Informationen: Mehr über die Wichtigkeit von Vorbildern in der sozialkognitiven Entwicklung kannst du bei Daum und Gampe (2016) nachlesen.

Tool 7 – Die Beziehungslandkarte

Auf einen Blick

Ziel: Visualisiere deine Arbeitsbeziehungen.

Warum? Gute Beziehungen halten dich gesund und glücklich. Auch am Arbeitsplatz hast du es mit Menschen zu tun. Gute Beziehungen am Arbeitsplatz wirken sich deshalb positiv auf dein Wohlbefinden und deine Leistung aus.

Für wen? ☑ Mitarbeiter, ☐ Führungskraft, ☐ Team, ☑ Coach, ☐ HR, ☐ Berater

Zeitrahmen: Je nach Kontext zwanzig bis dreißig Minuten.

Was wird benötigt? Ruhiger Raum, Papier, Schreibzeug, Post-its.

Herausforderungen: Beziehungen in Worte zu fassen.

Vorbereitung: Optional kannst du das Tool »Die Beziehungslandkarte« aus der Online-Toolbox downloaden und ausdrucken.

Vorgehen: Notiere alle Menschen, mit denen du es in deinem Arbeitsalltag zu tun hast, auf Post-its. Nimm dann ein leeres Blatt. Schreib deinen Namen in die Mitte. Ordne anschließend alle Personen aus deinem Umfeld so um dich herum an, dass diejenigen, die dir näher stehen, näher bei dir platziert werden.

Überlege, welche Art von Beziehung du zu den einzelnen Personen hast, wie zum Beispiel zum direkten Vorgesetzten, zum engeren Arbeitskollegen, zu externen Partnern oder Kunden.

Zieh nun Linien zu jeder Person. Du kannst Pfeile in die Richtung zeichnen, in welche die Sympathien fließen, oder die Linien einfach dicker oder dünner machen, um die Intensität der Beziehungen darzustellen.

Hebe zum Schluss die Schlüsselbeziehungen hervor. Das können besonders wichtige oder einflussreiche Beziehungen wie Mentoren, enge Arbeitspartner oder Schlüsselkunden sein.

Bei Yvan, dem Verkaufsberater, sieht das Diagramm wie folgt aus *(siehe Abbildung 19)****:***
Yvan mag seinen Vorgesetzten. Allerdings ist er sich nicht so sicher, wie sehr ihn Thomas mag. Bei Martin und Anna fühlt er sich wohl. Martin ist ein Freund aus der Kindheit, mit ihm teilt er sich auch gerne mal das Feierabendbier. Von Florian hingegen kommt weniger zurück. Dagegen spürt er immer wieder Sympathien von Mia, der Abteilungsleiterin, die ihn in der Vergangenheit sehr gefördert hat. Er ist sich etwas unsicher, wie er sich bei ihr verhalten soll, und hat deshalb die Linie dünn gemalt. Yvans Schlüsselbeziehungen sind dementsprechend Martin, Mia und auch sein Kunde Walter. Walter ist pensioniert und war früher Mias Chef. Yvan traf Walter bereits bei einem Business Lunch, bei dem er von ihm sehr motiviert wurde und wertvolle Karriereimpulse erhielt.

19 | Beispiel einer Beziehungslandkarte

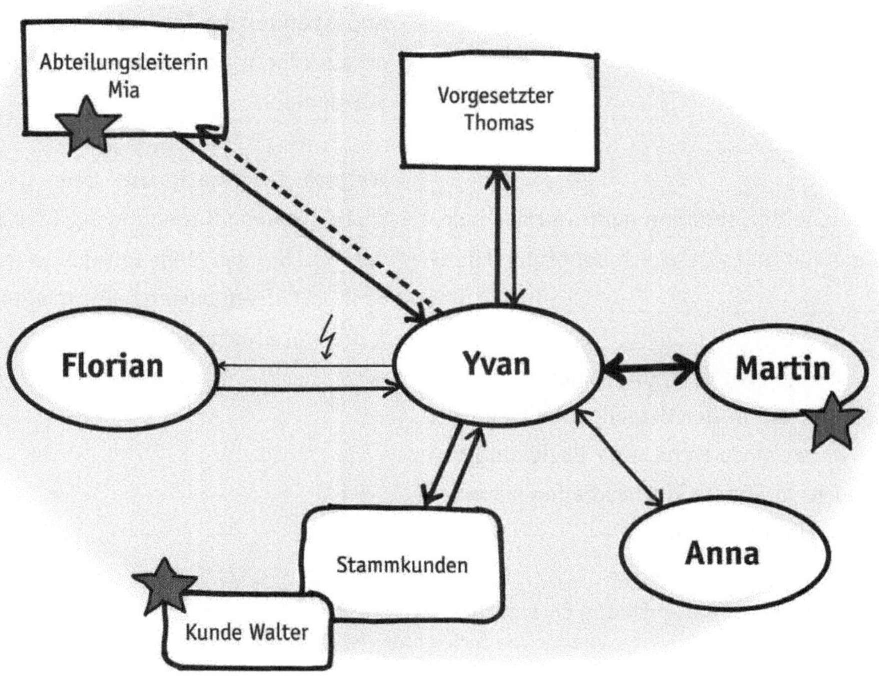

Mit welchem Mitarbeitern möchtest du gern mehr zusammenarbeiten? Vielleicht besteht die Möglichkeit, diese darauf anzusprechen?

Überlege nun, welche Beziehungen mehr Aufmerksamkeit oder sogar ein klärendes Gespräch benötigen könnten.

Zum Abschluss ermutigen wir dich, diejenigen Beziehungen zu identifizieren, die in der Vergangenheit und bis heute schwierig waren/sind. Wenn eine Beziehung besonders konfliktreich ist, könnte eine Mediation mit einer externen Fachperson hilfreich sein.

Reflexionsfragen: Gab es bei dieser Übung Erkenntnisse, die dich überrascht haben?

Nachbereitung: Ist dir bewusst, dass es auch Menschen gibt, die gerne mit dir mehr zusammenarbeiten würden?

Anpassungen des Tools: Dieses Tool kann je nach Bedürfnis auch für private Beziehungen genutzt werden oder für Stakeholder.

Weitere Informationen: Eine spannende Studie zur Wichtigkeit von Beziehungen ist die »Harvard Second Generation Study«. Mehr Informationen über die Webseite: *www.adultdevelopmentstudy.org* oder im Buch von Robert Waldinger »The good life«.

Tool 8 – Der Steckbrief des Unternehmens

AUF EINEN BLICK

ZIEL: Erstelle einen Steckbrief deines Unternehmens.

WARUM? Je besser du dein Unternehmen kennst, desto deutlicher werden die Rahmenbedingungen für das Job Crafting. Zusätzlich kann es dir helfen, dich besser mit dem Unternehmen zu identifizieren.

FÜR WEN? ☑ Mitarbeiter, ☑ Führungskraft, ☑ Team, ☐ Coach, ☐ HR, ☐ Berater

ZEITRAHMEN: Je nach Format zwanzig bis fünfundvierzig Minuten.

WAS WIRD BENÖTIGT? Ruhiger Raum, Papier, Schreibzeug.

HERAUSFORDERUNGEN: Komplexe Sachverhalte in Stichworten wiedergeben.

VORBEREITUNG: Optional kannst das Tool 8 »Steckbrief des Unternehmens« aus der Online-Toolbox downloaden und ausdrucken.

Vorgehen: Kennst du das Vision Statement und die Mission deines Unternehmens? Die Vision ist langfristig, umfassend, inspirierend und gibt die Richtung vor. Sie stellt das große Bild dar und ist oft auf der Website des Unternehmens zu finden. Füge die Vision dem Unternehmenssteckbrief hinzu (siehe Beispiel in Abbildung 20).

Welche Ziele verfolgt dein Unternehmen? Die Ziele sind kurz- bis mittelfristig, spezifisch, messbar und operativ. Ziele sind konkrete Schritte auf dem Weg zur Erreichung der Vision.

Für welche Werte steht dein Unternehmen? Du kannst die Werteliste aus Tool 3 zu Hilfe nehmen.

Was sind die wichtigsten Produkte deines Unternehmens?

Wer arbeitet in deinem Unternehmen? Notiere die wichtigsten Bereiche (nicht alle einzelnen Namen).

20 | Unternehmenssteckbrief

Mein Unternehmen: » «

Vision:

Mission:

Ziele:

Werte:

Wichtigste Produkte:

Wer arbeitet im Unternehmen?

Benefits?

Maßnahmen zur Gesundheit:

Von welchen Benefits kannst du profitieren?

____

____

Welche Maßnahmen zum Gesundheitsmanagement werden unterstützt (flexible Arbeitszeiten, Homeoffice-Möglichkeiten)?

____

____

Skizziere dann auf der rechten Seite von Hand ein Bild oder Symbol, das die Firma repräsentiert.

Reflexionsfrage: Stimmen die Werte des Unternehmens mit deinen persönlichen Werten überein?

Nachbereitung: Es kann sehr interessant sein, wenn du den Unternehmenssteckbrief eines Arbeitskollegen mit deinem eigenen vergleichst und ihr die Unterschiede diskutiert.

Anpassungen des Tools: Bei einem großen Unternehmen kannst du den Steckbrief auch für deine Abteilung oder dein Team erstellen. Alternativ könnt ihr den Steckbrief im Rahmen einer Teamentwicklung in Gruppen gemeinsam erstellen und danach im Plenum präsentieren.

Weitere Informationen: In den letzten Jahren ist die Bestimmung von Unternehmenswerten und die Analyse der Mitarbeiterwerte sehr populär geworden. Es gibt verschiedene Anbieter im deutsch- und englischsprachigen Raum, die mit detaillierten Fragen die Werte der Mitarbeitenden analysieren und visuell darstellen können. Solltest du dich dafür interessieren, ist es besonders wichtig, dass du dir über das Warum dahinter im Klaren bist. Wenn nur Werte ermittelt werden, ohne dass danach konkrete Maßnahmen folgen, kann das für die Mitarbeitenden frustrierend sein.

6.4 Crafting-Phase: Ausarbeiten und Umsetzen eines Job Crafting-Plans

»Auf Veränderung zu hoffen, ohne selbst etwas dafür zu tun, ist wie am Bahnhof zu stehen und auf ein Schiff zu warten.«

Albert Einstein, schweizerisch-amerikanischer Physiker

Du hast in deiner Rolle als Mitarbeiter deine Wünsche und Bedürfnisse in Bezug auf deinen Arbeitsplatz erkannt, willst nun mit der Veränderung beginnen und einen Handlungsplan mit konkreten Zielen und Maßnahmen für dich erstellen.

Anna aus unserem vorherigen Beispiel weiß dank ihrer Bestandsaufnahme, was sie will und was nicht. Sie hat beispielsweise in der Reflexionsphase erkannt, dass es ihr wichtig ist, ihre fachlichen Kompetenzen auszubauen, und dass sie sich gerne in neue Rechtsgebiete einarbeiten würde. Ganz besonders interessiert sie sich zudem für den politischen Prozess hinter den Gesetzen und Verordnungen. Gerne würde sie ein »Certificate of Advanced Studies« (CAS) zum Thema Krankenversicherungsrecht erwerben und sich bei ihrem Vorgesetzten für die Ausarbeitung der bevorstehenden Revision der Verordnung über das Gesundheitswesen bewerben. Mit diesen Zielen sucht sie nun das Gespräch mit ihrem Vorgesetzten.

Sortiere zuerst deine in der Reflexionsphase herausgefilterten Veränderungsbedürfnisse und ordne diese allenfalls nach Prioritäten. Um den Prozess überschaubar zu halten und dich nicht zu überfordern, machst du am besten kleine Schritte und formulierst ein bis höchstens drei konkrete, umsetzbare Ziele. Zerlege diese in kleine, spezifische Aufgaben oder Meilensteine und setze dir für jede Aufgabe eine klare Frist. Überlege dir auch Kriterien, mit denen du am Schluss die Zielerreichung bewerten kannst.

Mit dem Setzen von kleinen Schritten erhöhst du die Chance auf Erfolgserlebnisse. Job Crafting ist ein kontinuierlicher Prozess und das Ziel ist, dass du motiviert bleibst, und nicht, dass du nach dem ersten, viel zu großen Schritt frustriert alles hinschmeißt und vielleicht sogar deinen Job kündigst.

Für Anna ist Kündigung mittlerweile keine Option mehr. Die Auseinandersetzung mit ihren Stärken und Talenten, ihren Wünschen und Leidenschaften hat sie motiviert, zuerst alle Möglichkeiten beim jetzigen Arbeitgeber ausschöpfen zu wollen. Zudem verlief das Gespräch mit ihrer Führungskraft sehr befriedigend. Sie stieß mit ihrem Wunsch, ihre Kompetenzen auszubauen und sich vertiefter mit dem Entstehungsprozess von Gesetz und Verordnung auseinanderzusetzen, auf offene Ohren. Gemeinsam haben sie nach Möglichkeiten gesucht, wie sie sich in neue Rechtsgebiete einarbeiten könnte. Dazu wird sich Anna eine Literaturliste zum Thema Krankenversicherungsrecht zusammenstellen und sich darin vertiefen. Den einen oder anderen Tipp hat sie bereits von ihrem Vorgesetzten erhalten. Gleichzeitig wird dieser beim nächsten Teammeeting im Plenum fragen, wer sie bei der bevorstehenden Revision der Verordnung über das Gesundheitswesen einarbeiten und unterstützen wird.

In Annas Plan fehlte für den Vorgesetzten nur ein Punkt: die Kriterien, mit denen sie am Schluss das Erreichen ihres Vorhabens und damit ihre Arbeitszufriedenheit überprüfen will. Diese wird sie ihm nun noch nachliefern.

Der Job Crafting-Prozess verlangt von dir Neugier, Aufgeschlossenheit, Forschergeist sowie Anpassungsbereitschaft und Flexibilität, besonders wenn unerwartete Herausforderungen auftreten. Die Herausforderung beim Job Crafting liegt darin, dass es bisher keine standardisierten Abläufe für die Lösung oder den Weg der Veränderung gibt. Jeder Job Crafting-Prozesse ist typischerweise individuell und einzigartig, was zugleich faszinierend als auch herausfordernd ist. Die Konsequenz daraus ist entscheidend: Es gibt leider keinen festgelegten Standardweg für Job Crafting!

»Methode von Versuch und Irrtum: Es ist die Methode, kühne Hypothesen aufzustellen und sie der schärfsten Kritik auszusetzen, um herauszufinden, wo wir uns geirrt haben.«

Karl Popper, österreichisch-britischer Philosoph

Denk beim Job Crafting immer daran: Die proaktive Kommunikation mit Kollegen und Vorgesetzten kann nicht nur helfen, Missverständnisse und Konflikte zu verhindern (siehe Kapitel »Herausforderungen und Stolpersteine aus dem Blickwinkel der Beschäftigten«), sondern fördert auch das Verständnis und Akzeptanz der von dir vorgenommenen Veränderungen. Es ist auf jeden Fall leichter, Unterstützung aus dem sozialen Umfeld und notwendige Ressourcen zu bekommen, wenn deine Mitmenschen wissen, was du vorhast und warum (Tims et al. 2013a).

In der Umsetzungsphase kann dein Stresspegel durch zusätzliche oder neue Aufgaben, längere Arbeitstage, Weiterbildungen oder auch Konflikte möglicherweise ansteigen. Vermutlich stellst du aber auch Begeisterung, Zufriedenheit und mehr Energie fest (Müller 2017). Hol dir auf jeden Fall rechtzeitig Unterstützung, wenn du merkst, dass die eingeleiteten Maßnahmen in dir zu viel Stress auslösen. Unterstützung findest du zum Beispiel bei deinem Vorgesetzten, einem Mentor oder einem Coach. Vielleicht hast du in der Reflexionsphase einen Aspekt deiner Persönlichkeit oder eine deiner Stärken zu positiv eingeschätzt oder einem Element aus dem sozialen oder strukturellen Umfeld zu wenig Beachtung geschenkt. Wie auch immer – es gilt, aus den Fehlern während des Job Crafting-Prozesses zu lernen, und dabei kann ein Sparringpartner, mit dem du dich austauschen und über Schwierigkeiten sprechen kannst, wertvolle Dienste leisten.

In der Rolle als empowernde Führungskraft ist es deine Aufgabe, in einem ersten Schritt die Veränderungsideen und Wünsche des Mitarbeiters auf Machbarkeit zu überprüfen. Dabei solltest du mögliche Stolpersteine oder Hindernisse ansprechen und gegebenenfalls Alternativlösungen aufzeigen. Denk dabei auch an erforderliche

Ressourcen, die außerhalb des Einflussbereichs des Mitarbeitenden liegen, wie zum Beispiel:

- Wer ist ebenfalls von der Veränderung betroffen?
- Muss mit Widerstand gegen die Veränderung seitens des Teams oder anderer Abteilungen gerechnet werden?
- Wer muss über die Veränderungsabsichten informiert werden, zum Beispiel die Geschäftsleitung, andere Abteilungen, Kunden, Lieferanten?
- Müssen eventuell Kosten angesprochen werden? Gibt es dafür ein Budget?
- Wie sieht die zeitliche Verfügbarkeit für die Planung und Umsetzung aus? Entstehen Konflikte mit anderen Projekten oder Aufgaben, die gleichzeitig erledigt werden müssen?
- Gibt es technische, gesetzliche oder wirtschaftliche Faktoren, die zu berücksichtigen sind oder die sich auf die Veränderung auswirken können?
- Verfügt der Arbeitende über alle notwendigen Fähigkeiten, oder benötigt er Zugang zu Schulungsprogrammen oder Weiterbildungsmöglichkeiten?

Das Ziel ist, dass beide klar verstehen, in welche Richtung die «Veränderungsreise» des Mitarbeitenden gehen soll, mit welcher Absicht, mit welchen Schritten oder Meilensteinen und in welchem Zeitrahmen diese erreicht werden sollen. Diese Abmachungen solltet ihr unbedingt schriftlich festhalten. Das vereinfacht später auch die Überprüfung in der Follow-up-Phase (Müller 2017).

Während der Umsetzung der geplanten Schritte unterstützt und begleitest du deinen Mitarbeitenden intensiv. Denk daran: Du spielst für ihn eine zentrale Rolle als wichtige soziale Ressource (Müller 2017). Dein Angestellter kann von dir wertvolles Feedback erhalten und Unterstützung bei der Bewältigung von Herausforderungen oder Unsicherheiten holen.

Achte dabei auf Anzeichen von Überforderung, um rechtzeitig eingreifen und Unterstützung bieten zu können. Überforderungssignale können sowohl körperliche Symptome wie Schmerzen oder Schlafprobleme sein als auch emotionale und kognitive Anzeichen wie Reizbarkeit und Konzentrations- oder Entscheidungsschwierigkeiten. Auch zwischenmenschliche Signale wie zunehmende Spannungen oder Konflikte mit dir oder im Team sowie Rückzug von sozialen Interaktionen gehören dazu.

Wir empfehlen, regelmäßige Boxenstopps mit deinem Mitarbeitenden zu vereinbaren, damit ihr euch zu den Fortschritten austauschen und mögliche Schwierigkeiten besprechen könnt. Frage dabei gezielt nach Problemen oder Bedenken und hilf deinem Mitarbeitenden, allfällige Hindernisse zu identifizieren und Lösungen zu finden. In diesen Check-ins bietet sich zudem die Gelegenheit, konstruktives Feedback zu den Leistungen zu geben, Bemühungen und Erfolge anzuerkennen oder klare Hinweise auszusprechen, wo Verbesserungen nötig sind.

Wenn du nicht vollständig vom Veränderungswunsch des Mitarbeitenden überzeugt bist, kann dies möglicherweise eine herausfordernde Situation für dich sein. In einem solchen Fall ist es wichtig, deine Zweifel genau zu überprüfen. Liegen deine Bedenken am Plan selbst, an der Persönlichkeit des Mitarbeiters, an den verfügbaren Ressourcen oder hat es etwas mit dir zu tun? Anstatt die Idee sofort abzulehnen, kannst du den Mitarbeiter ermutigen, diese selbst gewählten Herausforderungen zu bewältigen und die geplante Veränderung erfolgreich umzusetzen. Diese Herangehensweise stärkt ihn und fördert sein Empowerment, indem du ihm die Möglichkeit gibst, aus Fehlern zu lernen (Müller 2017).

Hinweis: Wie bereits für die Reflexionsphase findest du auch für die Crafting-Phase im Folgenden verschiedene Anleitungen zum Bearbeiten.

6.5 Tools für die Crafting-Phase

»Der Wert einer Idee liegt in ihrer Umsetzung.«

Thomas Alva Edison, Erfinder der Glühbirne

In der Crafting-Phase werden die Einsichten aus der Reflexionsphase in die Praxis umgesetzt. Dieses Kapitel beginnt mit einem Fragebogen, der dir dabei hilft, herauszufinden, welche Aspekte deiner Arbeit besonders wichtig für ein Crafting sind. Anschließend werden wir verschiedene Werkzeuge vorstellen, die dich bei der Planung und Umsetzung von Job Crafting-Aktivitäten unterstützen.

Es ist ratsam, die Veränderungen schrittweise umzusetzen, anstatt alles auf einmal verändern zu wollen. Konzentriere dich darauf, eine Aufgabe nach der anderen zu bearbeiten, und überfordere weder dich selbst noch deine Führungskraft oder Teammitglieder mit zu vielen neuen Ideen gleichzeitig. Denk daran: Job Crafting ist ein Marathon, kein Sprint. Erinnere dich: Jede Veränderung bringt dich deinem persönlichen Traumjob näher.

Fragebogen Job Crafting – Die Facetten meiner Arbeit

Wir haben dir Fragen zu deiner Arbeit, deinem Wohlbefinden, deinen Beziehungen, dem Arbeitsinhalt und dem Kontext zusammengestellt (siehe Abbildung 12 auf Seite 107). Gehe die folgenden Fragen Schritt für Schritt durch und zähle am Schluss die Punkte zusammen. Je mehr Punkte du einer Frage gibst, desto erfüllter ist diese Bedingung.

Als Coach kannst du diese Fragen nutzen, um den Grad der Übereinstimmung zwischen der Arbeit und deinem Klienten zu analysieren.

Wenn du eine Führungskraft bist oder in der Personalabteilung arbeitest, bieten dir diese Fragen wertvolle Einsichten in deine eigene Arbeitssituation sowie wichtige Hinweise auf offene Fragen, Herausforderungen und Gedanken deiner Mitarbeiter bezüglich der Arbeit.

»Ich mache mir die Welt, so wie sie mir gefällt.«

Pippi Langstrumpf, Hauptfigur einer Kinderbuchreihe
der schwedischen Schriftstellerin Astrid Lindgren

	Fragen zum »Inneren Ich-Raum«: Werte, Bedürfnisse, Emotionen	Skala (1 bis 6)					
1	Wie sehr erlebst du Glücksgefühle bei der Arbeit?	1	2	3	4	5	6
2	Wie stark fühlst du dich nach einem Arbeitstag genährt?	1	2	3	4	5	6
3	Ist deine Arbeit für dich sinnhaft?	1	2	3	4	5	6
4	Wie stark stimmt der Arbeitsinhalt mit deinen inneren Werten überein?	1	2	3	4	5	6
5	Wie sehr kannst du dich am Abend innerlich entspannen?	1	2	3	4	5	6
6	Wenn du an deine Arbeit denkst, sind deine Gedanken überwiegend positiv?	1	2	3	4	5	6
7	Wie stark kannst du du selbst bleiben, also authentisch bei der Arbeit sein?	1	2	3	4	5	6
8	Erfüllen dich deine Arbeitstätigkeiten?	1	2	3	4	5	6
9	Fühlst du dich an deinem Arbeitsplatz sicher (Kündigung, Benachteiligung, Mobbing)?	1	2	3	4	5	6
10	Inwiefern bietet dir deine Arbeit die Möglichkeit, dich persönlich weiterzuentwickeln?	1	2	3	4	5	6

Auswertung Job Crafting und »Innerer Ich-Raum«: Zähle die Punkte zusammen.

0 bis 20 Punkte: Deine Arbeit bereitet dir wenig Freude. Oft fühlst du dich gestresst, ohne den Sinn deiner Arbeit zu erkennen. Wir empfehlen, deine Einstellung zur Arbeit mit kognitiven Crafting-Tools zu überprüfen. So kannst du besser erkennen, was verändert werden muss, um deine Bedürfnisse, Werte, Emotionen und inneren Ziele effektiver zu erfüllen und besser zu erreichen. Dies ist entscheidend für deine psychische Gesundheit. Nutze dafür die »Anleitung 1: Transformation der Gedanken«, um dich vertieft mit Themen des »Inneren Ich-Raums« und Job Crafting auseinanderzusetzen.

21 bis 40 Punkte: Deine Arbeit erfüllt einige Aspekte gut, andere jedoch nicht. Wir empfehlen, dich intensiv mit den unerfüllten Themen auseinanderzusetzen und zu analysieren, welche Themenbereiche bezüglich des inneren Raums bei dir unerfüllt sind. Nutze dazu die verschiedenen Job Crafting-Tools dieses Kapitels.

41 bis 60 Punkte: Gratulation! Deine Arbeit stimmt größtenteils mit deinen Werten, Bedürfnissen und Emotionen überein. Nach einem Arbeitstag fühlst du dich zufrieden und du kannst dich gut erholen. Deine Arbeit unterstützt deine Ziele. Solltest du bei einzelnen Fragen eine sehr niedrige Punktzahl haben, empfehlen wir dir, diese individuell zu reflektieren.

	Fragen zum »Äußeren Ich-Raum«: Verhalten, Arbeitstätigkeiten, Fähigkeiten und Wissen	Skala (1 bis 6)					
1	Wie gut kannst du Ideen in die Teamarbeit einbringen?	1	2	3	4	5	6
2	Wie sehr kannst du deine Fähigkeiten und Stärken bei deiner Arbeit nutzen?	1	2	3	4	5	6
3	Gibt es (genügend) Platz, deine Ideen in die Organisation einzubringen (neue Produkte, Dienstleistungen, Kooperationen)?	1	2	3	4	5	6
4	Wie sehr kannst du deine Arbeitsinhalte selbst steuern?	1	2	3	4	5	6
5	Gibt es Möglichkeiten, am Arbeitsplatz deine Kompetenzen und Fähigkeiten weiterzuentwickeln?	1	2	3	4	5	6
6	Kommst du durch deine Arbeit deinen beruflichen Zielen einen Schritt näher?	1	2	3	4	5	6
7	Wie viel Entscheidungsfreiheit und Autonomie hast du in deinen Arbeitstätigkeiten?	1	2	3	4	5	6
8	Wie sehr wirst du während deiner Arbeit durch neue und spannende Tätigkeiten oder Aufgaben herausgefordert?	1	2	3	4	5	6
9	Geht es dir nach einem Arbeitstag körperlich gut?	1	2	3	4	5	6
10	Sind deine Arbeitstätigkeiten abwechslungsreich?	1	2	3	4	5	6

Auswertung Job Crafting und »Äußeren Ich-Raum«: Zähle die Punkte zusammen.

0 bis 20 Punkte: Deine niedrige Punktzahl zeigt, dass du wenig Spielraum bei der Steuerung, Ausführung und Einbringung neuer Ideen hast und dass deine Arbeit wenig Herausforderung bietet. Du kannst deine Fähigkeiten und Talente weder einsetzen noch weiterentwickeln. Gleichzeitig scheint dein Körper spürbar gestresst. Um langfristig zufrieden und gesund zu bleiben, solltest du mit Job Crafting schrittweise Veränderungen vornehmen. Es ist empfehlenswert, wenn du dich mit der Führungskraft dazu austauschst oder externe Unterstützung holst. Nutze die »Anleitung 2: Gestaltung der Arbeitstätigkeiten« für eine vertiefte Auseinandersetzung mit den Themen »Äußerer Ich-Raum« und Job Crafting.

21 bis 40 Punkte: Einige Aspekte sind durchschnittlich erfüllt, andere sind nicht erfüllt. Damit du langfristig Freude an deiner Arbeit hast, empfehlen wir, die Fragen mit niedriger Punktzahl genauer zu betrachten und diese schrittweise mit Job Crafting besser an deine Fähigkeiten und Bedürfnisse anzupassen. Du findest im folgenden Kapitel passende Tools dazu.

41 bis 60 Punkte: Glückwunsch! Du kannst während deiner Arbeit deine Stärken und Fähigkeiten meistens ausleben und hast einen interessanten und abwechslungsreichen Arbeitsalltag. Die Arbeit ist für dich körperlich nicht anstrengend. Schau dir Fragen mit niedrigen Punktzahlen genauer an, damit deine Arbeit noch stärker mit deinen Interessen übereinstimmt.

	Fragen zum »Inneren Wir-Raum«: Beziehungsgestaltung am Arbeitsplatz	Skala (1 bis 6)					
1	Ist die Energie oder Arbeitskultur in deinem Team überwiegend positiv?	1	2	3	4	5	6
2	Kannst du deinen Mitarbeitern mitteilen, wenn es dir schlecht geht?	1	2	3	4	5	6
3	Kannst du deinen Mitarbeitenden sagen, wenn dir eine Aufgabe richtig gut gelungen ist?	1	2	3	4	5	6
4	Hast du eine persönliche und offene Kommunikation mit deiner Führungskraft?	1	2	3	4	5	6
5	Kannst du bei einem Teil der Arbeit frei wählen, mit wem du arbeitest?	1	2	3	4	5	6
6	Geht ihr mindestens einmal pro Monat nach der Arbeit miteinander etwas trinken?	1	2	3	4	5	6
7	Bekommst du von deinem Chef Wertschätzung für deine Arbeit?	1	2	3	4	5	6
8	Ist es bei deiner Arbeit möglich, Unstimmigkeiten offen anzusprechen?	1	2	3	4	5	6
9	Ist es in deinem Unternehmen erwünscht, dass ihr euch auch abteilungsübergreifend kennt, austauscht und Ideen entwickelt?	1	2	3	4	5	6
10	Gibst du deinen Mitarbeitern regelmäßig wertschätzende Rückmeldungen zu ihrer Leistung?	1	2	3	4	5	6

Auswertung Job Crafting und »Innerer Wir-Raum«: Zähle die Punkte zusammen.

0 bis 20 Punkte: Deine Arbeitsbeziehungen sind wenig zufriedenstellend. Du hast wenig aktivierenden Austausch mit deinen Kollegen, kannst nicht frei entscheiden, mit wem du arbeitest, oder hast wenige Kollegen am Arbeitsplatz. Angesichts der Bedeutung sozialer Beziehungen empfehlen wir, deine Arbeitsbeziehungen je nach Punktzahl mit deiner Führungskraft oder externer Unterstützung zu analysieren und schrittweise zu verbessern. Nutze dazu die »Anleitung 3: Die Beziehungen gestalten«.

21 bis 40 Punkte: Du hast entweder überall eine durchschnittliche Punktzahl oder bei einigen Fragen niedrige Punktzahlen vergeben. Schau, bei welchen Themen du wenige Punkte vergeben hast. Nutze unsere Tools, um die Qualität der Beziehungen am Arbeitsplatz zu stärken und Möglichkeiten für neue Zusammenarbeit zu identifizieren.

41 bis 60 Punkte: Gratulation! Deine sozialen Bedürfnisse bei der Arbeit sind größtenteils erfüllt. Du hast gute Beziehungen zu Kollegen und der Führungskraft und lebst eine aktive Kultur der Rückmeldung und Wertschätzung. Bei deiner Arbeit schätzen sich die Mitarbeitenden gegenseitig, was sich wiederum positiv auf die Stimmung auswirkt. Du kooperierst mit deinen Kollegen auf hohem Niveau. Sollten eine oder mehrere Fragen eine niedrige Punktzahl aufweisen, kannst du diese individuell anschauen und in die gewünschte Richtung lenken.

	Fragen zum »Äußeren Wir-Raum«: Prozesse, Arbeitskontext, Arbeitsbedingungen und Systeme	Skala (1 bis 6)					
1	Ist dein Arbeitsplatz per Fahrrad oder zu Fuß erreichbar?	1	2	3	4	5	6
2	Kannst du frei über die Zeit vor Ort respektive im Homeoffice bestimmen?	1	2	3	4	5	6
3	Fühlst du dich an deinem Arbeitsplatz und in der Umgebung wohl (Licht, Temperatur, Luft, Lärmpegel, Raum)?	1	2	3	4	5	6
4	Kannst du Änderungen in der Arbeitsplatzumgebung vornehmen (zum Beispiel einen bequemen Stuhl oder Tisch anfordern)?	1	2	3	4	5	6
5	Kennst du die Strategie und die Ziele deines Unternehmens und unterstützt du diese?	1	2	3	4	5	6
6	Gibt es klare Regeln in deinem Unternehmen und werden diese eingehalten? Gibt es Konsequenzen bei Nichteinhaltung?	1	2	3	4	5	6
7	Sind deine Arbeitstätigkeiten gut in die Abläufe deines Unternehmens integriert?	1	2	3	4	5	6
8	Ist die Aufgabenverteilung in deinem Team klar kommuniziert?	1	2	3	4	5	6
9	Sind die Rollen in deinem Team mit den Verantwortlichkeiten transparent kommuniziert?	1	2	3	4	5	6
10	Ist bei deiner Organisation das Lohnsystem klar kommuniziert und fair aufgebaut?	1	2	3	4	5	6

Auswertung Job Crafting und »Äußerer Wir-Raum«
Zähle die Punkte zusammen. Auch wenn du hier je nach Rolle im Unternehmen bei einigen Themen eventuell sehr wenig Steuerungsmöglichkeit hast, ist es wichtig zu wissen, welche Bereiche erfüllt sind und welche nicht.

0 bis 20 Punkte: Eine niedrige Punktzahl zeigt, dass sowohl die sozialen und physischen Bedürfnisse nicht erfüllt sind als auch eine geringe Übereinstimmung zwischen Arbeitszeiten, Orten und Strategie besteht. Da deine Möglichkeiten zum Job Crafting je nach Unternehmen eingeschränkt sein können, empfehlen wir, bei einer niedrigen Punktzahl gut zu hinterfragen, warum du dort arbeiten möchtest. Je nach Situation kann kognitives, beziehungs- oder aufgabenbezogenes Crafting helfen, um die niedrige Punktzahl im Arbeitskontext zu kompensieren. Für eine tiefere Auseinandersetzung mit den Themen »Äußerer Wir-Raum« und Job Crafting empfehlen wir dir »Anleitung 4: Transformation des Arbeitsalltags und Umfelds«.

21 bis 40 Punkte: Bei dieser Punktzahl sind entweder alle Themenbereiche durchschnittlich erfüllt oder einige Themen bleiben unberücksichtigt, während andere fast vollständig abgedeckt sind. Es ist empfehlenswert, die Fragen mit niedrigen Punktzahlen zu analysieren und diese, wenn möglich, mit deiner Führungskraft zu besprechen und zu optimieren.

41 bis 60 Punkte: Großartig! Wir freuen uns, dass deine Organisation faire und soziale Dienstleistungen offeriert und dass die Arbeitsumgebung sowie die Arbeitszeiten auf dich als Mitarbeiter abgestimmt sind. Gleichzeitig kannst du die Strategie, die Regeln und Aufgabenverteilung vertreten und siehst, dass deine Arbeit sich in das Organisationsziel integriert.

Reflexion
Schaue dir nun die Punktzahl der Fragebogen an. Hast du bei einem Fragebogen klar am meisten Punkte? Wo am wenigsten Punkte? Gibt es ein Thema, das sich durch die Fragebogen zieht, das besonders wenige Punkte bekommen hat? Du kannst die folgenden Anleitungen anhand deiner Punktzahl priorisieren.

Anleitung 1 – Transformation der Gedanken

Auf einen Blick

Ziel: Beeinflusse deine Gedanken und Einstellungen rund um deine Arbeitstätigkeit positiv.

Warum? Eine positive Einstellung zu deiner Arbeit bringt dir langfristig mehr Zufriedenheit sowie Erfolg und Freude.

Für wen? ☑ Mitarbeiter, ☐ Führungskraft, ☑ Team, ☑ Coach, ☐ HR, ☐ Berater

Zeitrahmen: Dreißig bis sechzig Minuten für eine individuelle Reflexion, etwa zwei Stunden bei einer Teamentwicklung mit Austausch.

Was wird benötigt? Ruhiger Raum, Papier, Schreibzeug.

Herausforderungen: Die kognitive Gestaltung deiner Arbeit ist ein Prozess. Nimm dir Zeit für die Fragen. Lass den Prozess über einen gewissen Zeitraum zu und komm immer wieder auf deine Notizen zurück.

Vorbereitung: Optional kannst du die »Anleitung 1: Transformation der Gedanken« aus der Online-Toolbox downloaden und ausdrucken. Als Vorbereitung empfehlen wir dir die Reflexionsphase-Tools aus Kapitel 6.3.

Vorgehen: Folgende Schritte gehören zu dieser Anleitung: Schritt 1: Warum arbeitest du in deinem Job?, Schritt 2: Was ist dein Beitrag?, Schritt 3: Wofür bist du dankbar?, Schritt 4: Deine Karrierewünsche, Schritt 5: Nächster Karriere-Meilenstein, Schritt 6: Kommunikation nächster Meilenstein, Schritt 7: Aktionsplan erstellen.

Schritt 1: Warum arbeitest du in deinem Job?
Nimm dir bewusst Zeit für die Reflexion. Denk an deine Arbeit. Warum hast du dich damals um diese Stelle beworben? Wurdest du gefragt? War es dein Traumjob, der nächste Schritt in deiner Karriere oder mehr Lohn? Was hat dich dazu bewogen, die Stelle anzunehmen? Notiere ein paar Stichworte.

Schritt 2: Was ist dein Beitrag?
Denke nun an die Beziehungen, Aufgaben und Rollen im Unternehmen sowie deine tagtäglichen Verantwortungen. Visualisiere den Weg zur Arbeit, den Standort und alle physischen Aspekte des Unternehmens. Denke an die Produkte und Dienstleistungen, die das Unternehmen herstellt und den Kunden anbietet. Welchen Beitrag leistest du zu diesen Produkten und Dienstleistungen? Wie trägst du zur Zufriedenheit der Kunden bei? Notiere deine Erkenntnisse.

Schritt 3: Wofür bist du dankbar?
Überlege dir Dinge, Verhaltensweisen oder Gründe, für die du heute bei deiner Arbeit dankbar bist.

Schreibe während vier Wochen täglich drei Dinge auf, für die du dankbar bist. Du wirst erstaunt sein, was alles passieren kann.

In der Box 7 »Dankbarkeit« findest du weitere Informationen zu diesem Thema.

Schritt 4: Deine Karrierewünsche

Lass deine Gedanken um deine Karrierewünsche kreisen. Strebst du eine neue Rolle oder Position an? Welche Bedeutung hat deine aktuelle Tätigkeit für deinen nächsten Karriereschritt? Lernst du neue Aufgaben? Erwirbst du Wissen in einem neuen Bereich? Lernst du neue Menschen kennen? Was bringt dir deine heutige Arbeit?

Schritt 5: Nächster Karriere-Meilenstein

Wann weißt du, dass es Zeit für den nächsten Schritt ist? Anhand welcher Kriterien entscheidest du, dich innerhalb oder außerhalb deiner Organisation für eine neue Herausforderung zu bewerben? Diese Kriterien können von dir selbst kommen, wie »wenn ich den Alltag als repetitiv empfinde« (äußerer Ich-Raum) oder »wenn ich mich bereit für den nächsten Schritt fühle« (innerer Ich-Raum). Sie können aber auch von außen bestimmt werden, wie »wenn meine Führungskraft mich fragt« (innerer Wir-Raum) oder »wenn eine Position frei wird oder neu geschaffen wird« (äußerer Wir-Raum). Notiere ein paar Stichworte. Es ist hilfreich, sich im Klaren zu sein, wann die Zeit für den nächsten Meilenstein gekommen ist. Das verschafft dir Freiraum im Kopf und verhindert, dass du täglich über Veränderungen nachdenken musst. Dadurch hast du wieder mehr Energie und deine Arbeit gewinnt an Sinn.

Nimm dir nun einen Moment Zeit und betrachte deine Antworten aus einer übergeordneten Perspektive. Wie geht es dir dabei? Ist es dir möglich, mehr Sinn in deiner Arbeit zu sehen? Siehst du Aspekte, wofür du dankbar bist? Wenn ja, hast du einen Schritt in Richtung kognitives Gestalten gemacht.

Solltest du jedoch keine spürbare Veränderung in Bezug auf deine Arbeit empfinden, empfehlen wir, die Schritte erneut mit einem nahestehenden Menschen oder Coach durchzugehen oder sich alternativ mit einer Beziehungs- oder Tätigkeitsgestaltung zu beschäftigen (siehe Anleitung 2 »Gestaltung der Tätigkeiten«, Seite 166 und 3 »Die Beziehungen gestalten«, Seite 174). Wenn du große Schwierigkeiten hast, die Sinnhaftigkeit deiner Arbeit zu erkennen, ist auch eine Kündigung (siehe Kapitel 8) eine mögliche Option.

Schritt 6: Kommunikation nächster Meilenstein

Je nach deiner Situation ist es wichtig, die Kriterien für deinen nächsten Meilenstein in einem Gespräch mit deiner Führungskraft zu besprechen. Wenn du unsicher bist, ob du dies deinem Vorgesetzten mitteilen solltest, kann ein Gespräch mit einem guten Freund, deinem Partner oder einem Coach hilfreich sein, um mehr Klarheit zu gewinnen. Mit wem wirst du die nächsten Meilensteine besprechen?

Schritt 7: Aktionsplan erstellen

Erstelle einen schriftlichen Aktionsplan basierend auf den Erkenntnissen dieser Übung. Überlege beispielsweise, wann ein guter Zeitpunkt für die Dankbarkeitsübung wäre. Wie kannst du die Sinnhaftigkeit stärker in deinen Alltag integrieren?

Das schriftliche Festhalten deines Aktionsplans ist sehr wichtig, um deine Fortschritte in der kommenden Follow-up-Phase (Kapitel 6.6 und 6.7) überprüfen zu können.

Reflexionsfrage: Eine weitere Frage zur Selbstreflexion könnte sein: Welchen Beitrag möchtest du durch deine Arbeit leisten? Stell dir visuell vor, wie deine Arbeit einen positiven Einfluss auf andere Menschen und die Gesellschaft hat und so zu einer besseren Welt beiträgt.

Nachbereitung: Beobachte in den nächsten Wochen, wie du deine Arbeit wahrnimmst. Ergänze deine heutigen Notizen mit deinen Erfahrungen und Erkenntnissen.

Anpassungen des Tools: Dieses Tool eignet sich auch für eine Teamentwicklung, insbesondere wenn du als Führungskraft eine abnehmende Motivation deiner Mitarbeitenden hinsichtlich ihrer Tätigkeiten feststellst. Dies ist besonders relevant bei Veränderungen der Rollen und Verantwortlichkeiten. Stell sicher, dass du als Führungskraft eine moderierende und neutrale Rolle einnimmst. Sollte das nicht möglich sein, empfehlen wir, eine externe Person hinzuzuziehen.

Weitere Informationen: Wie bereits erwähnt, benötigt eine Veränderung Zeit. Laut Studien kann es bis zu sechs Monaten dauern, bis das Gehirn ein grösseres neues Verhalten verinnerlicht hat (Buyalskaya et al. 2023). Kleinere Anpassungen, wie das Gewöhnen an regelmäßiges Händewaschen im Spital, können bereits nach Wochen zur Routine werden (genauer gesagt nach zweihundertzwanzig Handwaschvorgängen, was neun bis zehn Arbeitstagen entspricht). Die Dauer, bis das neue Denken zur Gewohnheit wird, hängt von dir, deinen Gewohnheiten und deinem Umfeld ab. Sei geduldig. Falls dir der Prozess zu langsam oder nicht tiefgreifend genug erscheint, empfehlen wir, externe Unterstützung hinzuzuziehen.

Anleitung 2 – Gestaltung der Tätigkeiten

Auf einen Blick

Ziel: Gestalte einen Plan, welche Schritte du wann machst, um deine Arbeitstätigkeiten anzupassen.

Warum? Mit dem Tool 3 »Der Wertekompass« hast du deine Werte und Stärken ermittelt. Durch die Nutzung des Tools 4 »Logbuch: Zeit und Energie der Tätigkeiten« weißt du nun, welche Arbeitstätigkeiten dir Energie geben oder nehmen und wie viel Zeit sie beanspruchen. Im nächsten Schritt geht es nun darum, dieses reflektierte Wissen in einen Aktionsplan zu überführen, um deine Arbeitsaufgaben besser an deine Persönlichkeit, Werte und Bedürfnisse anzupassen.

Für wen? ☑ Mitarbeiter, ☑ Führungskraft, ☑ Team, ☑ Coach, ☑ HR, ☑ Berater

Zeitrahmen: Je nach Detaillierungsgrad dreißig bis sechzig Minuten.

Was wird benötigt? Ruhiger Raum, Papier, Schreibzeug. Optional: Post-its, Flipchart.

Herausforderungen: Nimm dir eine Anpassung nach der anderen vor. In diesem Veränderungsprozess ist es wichtig, geduldig und beharrlich zu bleiben. Sobald du eine Tätigkeit erfolgreich angepasst hast und mit dem Ergebnis zufrieden bist, kannst du dich der nächsten Anpassung widmen. Es ist wichtig, nach dem Prinzip »steter Tropfen höhlt den Stein« vorzugehen.

Vorbereitung: Nimm deine Notizen zum Tool 4 »Logbuch: Zeit und Energie der Tätigkeiten«. Schreibe dir deine Stärken (Tool 2) und die Werte (Tool 3) auf Post-its. Entscheide, ob du lieber auf Flipchart-Papier oder A4-Papier arbeitest. Pass die Post-its-Größen deiner Schreibunterlage an. Du kannst diese Anleitung 2 aus der Online-Toolbox downloaden und ausdrucken.

Vorgehen: Folgende Schritte gehören zu dieser Anleitung:

1. Notizen zusammentragen,
2. Prioritätenliste erstellen,
3. Analysieren,
4. Wahl der Veränderung,
5. Wer ist betroffen?,
6. Wer muss informiert werden?,
7. Größte Chance auf Erfolg,
8. Plan erstellen.

Schritt 1: Notizen zusammentragen

Geh deine Notizen zu den Arbeitstätigkeiten (Tool 4 »Logbuch: Zeit und Energie der Tätigkeiten«, Seite 126 und Tool 5 »Den Traumjob spinnen«, Seite 132) durch und schreib diese auf Papier oder ins Tool (Online-Toolbox, Anleitung 1 »Transformation der Gedanken«, Seite 160). Ein Beispiel dazu findest du in Abbildung 21 auf der folgenden Seite.

Schritt 2: Prioritätenliste erstellen

Ordne die Tätigkeiten, die du gern verändern möchtest, in einer Prioritätenliste.

1. ______________________________

2. ______________________________

3. ______________________________

Schritt 3: Analysieren

Wähle nun die Tätigkeit, die du als Erstes verändern möchtest. Beantworte folgende Frage: Was gefällt dir an der Tätigkeit, was nicht?

1. ______________________________

2. ______________________________

3. ______________________________

⇉ 21: Beispiel Gestaltung der Aufgaben ⇇

	Tätigkeit	Was magst du (nicht) an der Tätigkeit?	Was soll anders werden?	Wer ist von Veränderungen betroffen	Wer muss informiert werden?	Erfolgschance?
1	Akquise von Neukunden	Aufdringlich sein, überzeugen müssen	Diese Tätigkeiten am liebsten abgeben	Chef	Chef	schwierig, vertagen
2	Kontaktpflege, Networking, Fachmessen besuchen	Mit Menschen, die nicht wollen, in Kontakt bleiben. Allein auf Fachmessen gehen. Networking liegt mir nicht. Ich fühle mich nicht wohl und weiß nicht, was ich da tun soll.	1. Kontaktpflege behalten. 2. Fachmessen mit Hanna besuchen. 3. Networking: Mit Hanna sprechen und von ihr lernen.	1. Chef, Team 2. Chef, Hanna und ich 3. Hanna	Chef, Hanna	Ja, Hanna hatte das auch schon vorgeschlagen, da sie gern mehr auf Fachmessen gehen würde.
3	Bestellwesen, administrative Tätigkeiten	Je nach Tag langweilig, nimmt viel Zeit.	Ausführen, wenn ich wenig Energie habe wie nach dem Mittagessen, oder vom Homeoffice aus.	Ich	Niemand	Sollte möglich sein.

Weshalb magst du die Tätigkeit, weshalb nicht? Nimm dir Zeit und überprüfe an verschiedenen Tagen deine Antwort. Kommen eventuell noch weitere Aspekte zutage?

1. ______________________________

2. ______________________________

3. ______________________________

Bist du besonders gut in dieser Tätigkeit? Oder fällt sie dir sehr schwer?

1. ______________________________

2. ______________________________

3. ______________________________

Stimmt der Inhalt der Tätigkeit mit deinen Werten überein oder nicht?

1. ______________________________

2. ______________________________

3. ______________________________

Hat das etwas mit der Teamkonstellation zu tun? Oder ist es ein völlig anderer Grund?

1. ______________________________

2. ______________________________

3. ______________________________

Diese Fragen sind komplexer, als sie auf den ersten Blick erscheinen. Deshalb kann ein guter Freund, ein vertrauenswürdiger Kollege oder ein Coach dir darin helfen, das Warum zu ergründen. Schreib auch seine Antwort auf.

1.

2.

3.

Schritt 4: Wahl der Veränderung

Überlege dir nun, was genau sich in Zukunft ändern soll. Möchtest du diese Aufgabe komplett abgeben oder möchtest du sie verändern? Wenn ja, wie genau möchtest du sie verändern? Nimm dir auch hier Zeit, um genau festzulegen, was anders sein soll.

1.

2.

3.

Schritt 5: Wer ist betroffen?

Im nächsten Schritt geht es darum, welche Personen von dieser Veränderung betroffen sind. Mach eine Liste mit allen betroffenen Personen.

1.

2.

3.

Schritt 6: Wer muss informiert werden?

Frage dich nun, wen du informieren musst, um die Tätigkeit deinen Bedürfnissen anzupassen. Trage alle Antworten in die Tabelle (Anleitung 2 »Gestaltung der Tätigkeiten«, Seite 166) ein.

1.

2.

3.

Schritt 7: Größte Chance auf Erfolg

Analysiere nun erneut, welche Veränderung die größte Chance hat, erfolgreich umgesetzt werden zu können. Beginne mit dieser Tätigkeit. Die anderen werden folgen.

1. ______________________________

2. ______________________________

3. ______________________________

»Sie müssen herausfinden, was für Sie das Richtige ist, also ist es Versuch und Irrtum. Sie werden gut zurechtkommen, wenn Sie sich realistische Ziele setzen.«

Teri Garr, amerikanische Filmschauspielerin

Schritt 8: Plan erstellen

Welcher konkrete Schritt steht als Erstes an, damit die Tätigkeit angepasst werden kann? Was machst du im Verlauf der nächsten Woche?

1. ______________________________

2. ______________________________

3. ______________________________

Welche Maßnahmen werden im Verlauf des nächsten Monats greifen?

1. ______________________________

2. ______________________________

3. ______________________________

Welche Stärken unterstützt du auf dem Weg zur Umsetzung?

1. ______

2. ______

3. ______

Welche Werte werden besser erfüllt, wenn die Tätigkeit auf deine Bedürfnisse abgestimmt ist?

1. ______

2. ______

3. ______

Welche Personen können dich bei der Umsetzung unterstützen? Wann und wie fragst du diese um Hilfe?

1. ______

2. ______

3. ______

Was sind mögliche Risiken?

1. ______

2. ______

3. ______

Welche Strategien können dir helfen, mit diesen Risiken oder Herausforderungen umzugehen?

1.

2.

3.

Je nach Komplexität der gewünschten Anpassung kannst du nun eine zweite Tätigkeit mit dem gleichen Schema analysieren. Alternativ empfehlen wir dir, schrittweise vorzugehen und eine Tätigkeit nach der anderen anzupassen.

Reflexionsfragen: Lehn dich zurück – wie geht es dir nach dem Erstellen des Plans? Hast du an alles gedacht? Ist es eine realistische und stimmige Menge an Veränderungen?

Nachbereitung: Druck dir deinen Plan aus und häng ihn sichtbar an einem für dich möglichst prominenten Platz auf, sodass du immer wieder darauf schauen kannst. Hake ab, was du erledigt hast, und notiere dir diejenigen Aufgaben oder Themen, die bei der Umsetzung schwierig waren oder allenfalls ein Umplanen erfordern. Das hilft dir später in der Follow-up-Phase (Kapitel 6.6 und 6.7), den Prozess zu reflektieren und auszuwerten.

Anpassungen des Tools: Dieser Prozess des »Task Crafting« kann auch im Rahmen einer Teamentwicklung stattfinden. Die Führungskraft nimmt in diesem Prozess eine moderierende Rolle ein. Es ist wichtig, im Vorfeld klarzustellen, wie frei die Mitarbeitenden ihre Tätigkeiten umgestalten können. Je nach Kontext kann es hilfreich sein, wenn die Moderation von einer externen Person übernommen wird.

Weitere Informationen: Amy Wrzesniewski, Jane Dutton und Justin Berg haben ein Onlinetool kreiert, das sehr ähnliche Schritte nutzt, um dich zu unterstützen, deinen persönlichen Job Crafting-Plan zu erstellen. Mehr Informationen: *jobcrafting.com*.

Anleitung 3 – Die Beziehungen gestalten

Auf einen Blick

Ziel: Transformation von Beziehungen.

Warum? Eine aktive und positive Gestaltung von Beziehungen am Arbeitsplatz kann deine Arbeitszufriedenheit steigern und schafft ein unterstützendes und positives Umfeld. Analysiere, wann eine Beziehung eine externe Lösung braucht und wann eine Unterstützung durch Mitarbeiter notwendig ist.

Für wen? ☑ Mitarbeiter, ☑ Führungskraft, ☑ Team, ☑ Coach, ☐ HR, ☑ Berater

Zeitrahmen: Je nach Detailgrad dreißig bis sechzig Minuten.

Was wird benötigt? Ruhiger Raum, Papier, Schreibzeug.

Herausforderungen: Übersicht behalten.

Vorbereitung: Optional kannst du die »Anleitung 3: Die Beziehungen gestalten« aus der Online-Toolbox downloaden und ausdrucken.

Vorgehen: Folgende Schritte gehören zu dieser Anleitung: 1. Beziehungen positiv beeinflussen, 2. Beziehungen verändern, 3. Beziehungen lösen und 4. Soziale Ressourcen einholen.

Schritt 1: Beziehungen positiv beeinflussen

Analyse der Beziehungskarte: Nimm die Beziehungslandkarte hervor. Mach dir Gedanken über die verschiedenen Beziehungen.

Namen der Mitarbeiter: Trage in der Tabelle die Mitarbeiter oder Stakeholder ein, mit denen du regelmäßig in Kontakt bist (siehe Abbildung 22 Seite 176).

Name/Qualität der Beziehung: Kennzeichne gute Beziehungen mit +, neutrale Beziehungen mit O und schwierige, belastende Beziehungen mit –. Wenn du eine besonders belastende Beziehung hast, kann es hilfreich sein, diese Situation oder den Konflikt mit der Führungskraft oder einer externen Mediation anzugehen.

Rolle/Beziehung: Füge bei den Mitarbeitenden die Rolle und wo passend die Beziehung zu den Personen ein.

Ziel: Überlege dir bei jeder Beziehung, was daran verändert werden soll. Natürlich darf eine Beziehung auch einfach gut sein. Notiere in der Spalte »Ziel«, was du gern erreichen möchtest.

Initiative: Der nächste Schritt besteht darin, eine Aktion oder Initiative zu ergreifen. Was willst du tun, um die Beziehung zu verändern?

Datum: Notiere dir auch gleich ein Datum dazu. Ein Datum hilft bei der Umsetzung.

Check: Zum Schluss gibt es die Spalte »Check«. Zeichne hier ein glückliches Gesicht oder mache einen Haken, wenn du dein Ziel erreicht hast.

22 | Beispiel Beziehungen positiv beeinflussen

Name/Qualität d. Bez.	Rolle/ Beziehung	Ziel	Initiative	Wann?	Check: Ja/Nein
Martin +++	Mitarbeiter, privater Freund	Weiter so	einmal pro Woche Lunch	wiederholend	
Anna ○	Ältere Mitarbeiterin	Bewusst ihre Erfahrung wertschätzen	Anna direkt auf ihre Meinung im nächsten Meeting ansprechen	15. Mai	
Florian --	Mitarbeiter	Seit Streit komische Stimmung klären	Termin festlegen für einen informellen Austausch	23. Mai	
Mia +	Abteilungsleitung	Mich um mehr Kontakt bemühen	Aktiv Wertschätzung formulieren beim nächsten Lunch	29. Mai	
Thomas -	Teamleiter	Nicht verunsichern lassen, weniger Angst vor Hierarchie	Beim nächsten Gefühl der Verunsicherung nachhaken	offen	
Walter ++	Kunde	Regelmäßiger Austausch, anfragen ob ein Businesslunch alle zwei Monate Sinn macht?	Walter hat bald Geburtstag, kleine Karte senden als Zeichen der Wertschätzung plus Einladung zum Lunch	in den nächsten Wochen	

Schritt 2: Beziehungen verändern

Wer: Gibt es Personen im Arbeitsumfeld, mit denen du gern mehr im Austausch wärst? Gibt es Menschen, die dich interessieren, mit denen du bisher aber keinen Austausch hattest? Notiere dir diese Personen (siehe Abbildung 23).

Was schätzen Sie? Schreib in die nächste Spalte, welche Eigenschaften, Stärken oder Werte du an diesen Menschen schätzt und magst.

Ziel: Welche Tätigkeiten würdest du idealerweise gerne öfter mit dieser Person ausführen? Wie würdest du gern mehr im Austausch sein? Möchtest du vielleicht sogar an einem Projekt oder einer neuen Dienstleistung mit ihnen arbeiten? Denk dabei ruhig groß.

Meilensteine: Was wären Meilensteine, um zu diesem Ziel zu gelangen?

Werte: Welche deiner Werte würden dadurch aktiver im Arbeitsalltag werden?

Wer muss informiert werden? Und natürlich steht die Frage im Raum, wer wann informiert werden muss. Mit diesem Schritt näherst du dich der Aufgabengestaltung. Es entsteht eine Schnittmenge, wenn die Tätigkeit und Beziehungsgestaltung zusammenfallen.

Schritt 3: Beziehungen lösen

Diese Empfehlung ersetzt weder eine Mediation noch einen Therapeuten. Sie dient als Anregung zur Reflexion, die dir möglicherweise dabei hilft, besser mit der Situation umgehen zu können, bis du das Problem mit einer Fachperson lösen kannst – oder nicht mehr mit dieser Person zusammenarbeitest.

Notiere dir eine Person, mit der du keine Konfliktlösung mehr willst.

Schließe die Augen und versetze dich in die Situation. Was macht diese Person für dich so unerträglich? Welche

23 | Beispiel Beziehungen verändern

Name	Was schätzen Sie?	Ziel	Meilensteine	Werte	Wer muss informiert werden?
Martin	Seine offene, lustige, schlaue Art	Projekt entwickeln	Martin in meine Ideen einweihen	Verant-wortung, Freiheit	Nach der ersten Sitzung zu dritt: Thomas
Lisa – im Marketing-team	Lisa ist neu dabei. Sie hat sehr innovative und kreative Ideen. Sie kann gut überzeugen. Locker.	Projekt entwickeln	1. Besser kennenlernen 2. Zuhören 3. Ideen entwickeln 4. Austausch zu dritt	Freude, Inspiration	Nach der ersten Sitzung zu dritt: Thomas
Mia	Ihre Fähigkeit, die Metasicht einzunehmen	Sie bei einer Sitzung begleiten	Beim Lunch (siehe oben) darauf ansprechen	Weitsicht	Zuvor: Thomas anfragen

Werte könnte diese Person vertreten, die ihr Verhalten erklärt? Welche Eigenschaften lösen in dir starke negative Gefühle aus? Versuche, genau hinzuschauen, auch wenn es unangenehm ist. Nimmst du neben deinen Gedanken auch deine körperlichen Empfindungen wahr? Notiere diese.

____

____

Stell dir vor, die Person sitzt dir gegenüber.
Nimm dir Zeit. Tauchen noch weitere Gedanken oder körperliche Empfindungen auf?

____

____

Atme ein paar Mal tief ein und aus. Wie geht es dir jetzt? Schau dir deine Notizen an. Versuche, dich in dein Gegenüber hineinzuversetzen. Hat sich etwas verändert? Könnte es sein, dass dein Verhalten bei der anderen Person auch Störgefühle auslöst?

____

____

Falls ja, was könnte die Unbehaglichkeit in der Person auslösen, die etwas mit dir zu tun hat?

____

____

Überlege nun genau, wie du angemessen mit dieser Person umgehen könntest. Wäre es beispielsweise möglich, mit deiner Führungskraft zu sprechen und sie zu bitten, weniger mit dieser Person zusammenarbeiten zu müssen? Oder hast du bereits überlegt, eine neue Herausforderung zu suchen (siehe Kapitel 8 zum Thema Kündigung)? Könnte eine Mediation helfen, die Situation zu klären? Oder ist es am besten, der Person einfach aus dem Weg zu gehen?

Notiere ein paar Stichwörter zu deinem gewünschten Vorgehen.

Schritt 4: Soziale Ressourcen einholen

Ein weiterer Aspekt des Beziehungs-Crafting beinhaltet die Nutzung sozialer Arbeitsressourcen. Betrachte dafür deine Arbeitstätigkeiten und Beziehungen aus einer übergeordneten Perspektive, auch Metasicht oder Adlerperspektive genannt.

Bei welchen Tätigkeiten (aufgelistet in Tool 4: »Schritt 1: Zeitaufwand der Arbeitstätigkeiten«, Seite 126) brauchst du mehr Arbeitsressourcen, um diese Aufgaben qualitativ hochwertig und termingerecht effizient zu erledigen? Markiere oder notiere diese Tätigkeiten.

Welche Art sozialer Ressourcen benötigt diese Tätigkeit?

Unterstützung von Kollegen und der Führungskraft: Zusätzliche personelle Ressourcen oder die Bereitstellung von Mitteln zur Verbesserung der Arbeitsabläufe.

Mentoren, Coaching oder Supervision: Die Zusammenarbeit mit erfahrenen Kollegen kann helfen, deine Kompetenzen zu erweitern, neue Perspektiven zu gewinnen und dadurch in der Karriere einen Schritt weiter zu kommen (siehe Beispiel von Yvan, dem Verkaufsberater, in Abbildung 23 »Beispiel Beziehungen verändern«, Seite 178).

Emotionale Unterstützung: Wertschätzung, Anerkennung und Dankbarkeit für zusätzlichen Aufwand oder generelle Tätigkeiten.

Feedback: Konstruktive, offene Rückmeldungen, um blinde Flecken zu erkennen und die Arbeitsweise zu verbessern.

Netzwerken: Die Möglichkeit, durch den Aufbau von Beziehungen zu Kunden und Geschäftspartnern Zugang zu neuen Informationen und Ressourcen zu erhalten, die einen Beitrag zur Arbeitsgestaltung leisten können.

Notiere die Art der sozialen Unterstützung, die diese Tätigkeit braucht (siehe Beispiel in Abbildung 24).

Wie kommst du nun zu dieser Unterstützung? Braucht es ein Gespräch mit deiner Führungskraft oder genügt ein Austausch bei der nächsten Sitzung? Vielleicht ist auch ein informeller Austausch unter den Mitarbeitenden das richtige Instrument. Notiere, was du dir vornimmst, und setzte ein Datum dazu.

Reflexionsfragen: Gehe einen Schritt zurück auf die Metaebene. Du hast soeben vier wichtige Themen rund um Beziehungen am Arbeitsplatz reflektiert und Erkenntnisse erarbeitet.

Welche Aspekte oder Einsichten sind dir besonders in Erinnerung geblieben? Schreibe diese auf.

---

24 | Beispiel soziales Ressourcen-Crafting

Name	Tätigkeiten, die soziale Ressourcen brauchen	Ziel	Art der sozialen Ressource	Nächste Schritte	Zeitraum
Thomas	Administration und Bestellwesen	Unterstützung beim Bestellwesen mit der Möglichkeit, das Bestellwesen ganz abzugeben	Personelle Ressource	1. Thomas um einen Gefallen bitten 2. Person einarbeiten 3. Bestellwesen	Nächste acht Wochen

Gibt es eine prioritäre Handlung oder Veränderung, die du am liebsten bereits heute umsetzen möchtest? Schreibe diese ebenfalls auf.

Nachbereitung: Drucke deine Übersicht aus und hänge diese sichtbar an einem für dich möglichst prominenten Platz auf, sodass du immer wieder darauf schauen kannst. Hake jeweils ab, was du erledigt hast, und notiere, was bei der Umsetzung schwierig war oder allenfalls ein Umplanen erforderte. Das hilft dir später in der Follow-up-Phase (Kapitel 6.6 und 6.7), den Prozess zu reflektieren und auszuwerten.

Anpassungen des Tools: Diese Anleitung ist ein wertvolles Instrument für die Teambildung. Der Schritt 4: »Soziale Ressourcen einholen« ist besonders hilfreich bei der langfristigen Ressourcenplanung, etwa für ein Quartal oder ein Halbjahr. Als Führungskraft ist es entscheidend, eine neutrale Haltung einzunehmen und den Vorschlägen der Mitarbeiter aufmerksam anzuhören.

Weitere Informationen: Um das ganze Paket »Beziehungsgestaltung« effektiv zu bearbeiten, können ein Flipchart, Post-its und eine Pinnwand sehr nützlich sein.

Anleitung 4 – Transformation des Arbeitsalltags und Umfelds

Auf einen Blick

Ziel: Veränderungen deiner täglichen Routinen, Abläufe und Strukturen sowie Anpassung deiner Arbeitsumgebung.

Warum? Menschen lieben Gewohnheiten. Oft wird diese Routine nicht hinterfragt, sondern tagtäglich gelebt. Wir laden dich ein, diese Routine zu überdenken und sie an deine heutigen Tätigkeiten und Bedürfnisse anzupassen.

Für wen? ☑ Mitarbeiter, ☑ Führungskraft, ☑ Team, ☑ Coach, ☐ HR, ☐ Berater

Zeitrahmen: Fünfzehn bis dreißig Minuten, im Team zwei Stunden.

Was wird benötigt? Ruhiger Raum, Papier, Schreibzeug.

Herausforderungen: Die kognitive Gestaltung einer Arbeit ist ein Prozess. Nimm dir Zeit für die Fragen. Lass den Prozess über einen längeren Zeitraum laufen und kehre immer wieder zu deinen Notizen zurück.

Vorbereitung: Optional kannst du das Tool »Anleitung 4: Transformation des Arbeitsalltags und Umfelds« aus der Online-Toolbox downloaden und ausdrucken.

Vorgehen: Folgende Schritte gehören zu dieser Anleitung: 1. Arbeitsroutine, 2. Pausen, 3. Ablenkungen, 4. Arbeitsform, 5. Umfeld

Schritt 1: Arbeitsroutine

Atme ein paar Mal bewusst ein und aus. Gehe in Gedanken zu dem Moment zurück, in dem du von zu Hause zur Arbeit aufbrichst. Vielleicht ist das der Moment, in dem du deine Arbeitskleidung anziehst, im Homeoffice den Computer startest oder das Haus verlässt. Notiere auf einem Papier die einzelnen Schritte, die du täglich in gleicher Weise ausführst.

Frage dich, zu welcher Zeit deine Effizienz und Energie am höchsten sind. Viele Menschen arbeiten beispielsweise am Morgen besonders strukturiert. Ist die Reihenfolge deiner Arbeitsschritte effektiv?

Welche Veränderungen wären in deiner Routine sinnvoll? Vielleicht planst du morgens etwas anderes ein oder du veränderst eine Kleinigkeit in deinem täglichen Ablauf und beobachtest, ob dies deine Routine erfrischt oder besser zu dir passt.

Schau dazu das Beispiel von Lena, einer Marketingfachfrau, an (Abbildung 25). *Lena hat erkannt, dass sie die wichtigste Arbeit, die Kampagne für einen Kunden, jeden Tag vernachlässigt. Die beste Zeit für solch anspruchsvolle Aufgaben wäre für sie morgens. Ausgerechnet dann aber findet das tägliche Meeting statt. Das empfindet sie als wenig sinnvoll. Da sie die Sitzungen nicht selbst verschieben kann, hat sie beschlossen, dies in der monatlichen Teamsitzung anzusprechen. Bis dahin nimmt sie sich aber vor, keine Kundengespräche mehr am Vormittag zu planen und diese Zeit stattdessen für die Arbeit an der Kampagne zu nutzen.*

Schritt 2: Pausen

Schau dir deine Tagesplanung an. Machst du regelmäßig Pausen? Verbringst du zwischendurch Zeit an der frischen Luft? Studien zeigen immer wieder, dass das Gehirn sich nur eine bestimmte Zeit auf ein Thema konzentrieren kann (Baumgartner 2023).

25 | Beispiel Tagesablauf

6:30	Blick aus dem Fenster, vor dem Kleiderschrank stehen und überlegen, was anziehen und Schuhe wählen
7:00	Verlassen des Hauses, zur Busstation laufen, zum Bahnhof fahren
8:00	Umsteigen, Zugfahrt, zum Geschäft laufen
8:15	Ankunft Arbeitsplatz, Kaffee holen
8:30	E-Mails beantworten intern
9:30	Tägliches Meeting im Team
10:30	Arbeit an der Kampagne
12:30	Mittagspause
13:30	E-Mails beantworten extern
14:30	Pause
15:00	Kundentermine
16:30	Tägliche Sitzung Kampagnen-Team
17:30	Feierabend

Schritt 3: Ablenkungen

Welche Ablenkungen gibt es an deinem Arbeitsplatz? Schaust du alle fünf Minuten auf dein Smartphone? Bist du dir bewusst, wie stark deine Produktivität darunter leidet? Oder isst du gerne zwischendurch, während du E-Mails liest? Lässt du dich von Gesprächen der Kollegen oder privaten E-Mails ablenken?

Überlege unabhängig von der Art der Ablenkung, wie viel Zeit du täglich dafür aufwendest. Stell dir vor, wie viel früher du Feierabend machen oder wie viel effizienter du arbeiten könntest, wenn du dich nicht ständig ablenken ließest. Nimm dir etwas vor. Was machst du ab morgen bewusst anders?

Schritt 4: Arbeitsform

Auch die Arbeitsform ist ein Teil des Systems Arbeit.

- In welcher Rolle bist du angestellt? Erfüllt dich diese Rolle mit Zufriedenheit?
- Arbeitest du in Vollzeit oder Teilzeit? Ist das heute so passend?

- Arbeitest du in einem Großraumbüro oder im Homeoffice? Stimmt die Aufteilung? Wenn nicht, was wäre besser?

Schritt 5: Umfeld

Fühlst du dich an deinem Arbeitsplatz wohl? Welche äußerlichen Veränderungen könnten dazu beitragen, dass du dich wohler fühlst? Eine Pflanze? Ein Bild deiner Familie? Ein aufgeräumter Schreibtisch? Mehr frische Luft? Besseres Licht? Ist dein Stuhl bequem? Musst du täglich Bewegungen machen, die manchmal Schmerzen verursachen? Stimmt deine Körperhaltung? Überlege, was du diese Woche ändern könntest, um dich wohler zu fühlen, und schreibe es auf.

____

____

____

____

Reflexionsfragen: Nimm wieder die Vogelperspektive ein und schaue auf das System »Deine Arbeit und du«. Gibt es noch ein wichtiges Detail, das du gern anpassen würdest?

Anpassungen des Tools: Als Führungskraft ist dieses Format ideal, um jährlich mit dem Team verschiedene Arbeitskontexte zu diskutieren und gegebenenfalls Anpassungen vorzunehmen. Je nach Bedarf können die verschiedenen Themen in Gruppen bearbeitet werden.

Weitere Informationen: Es gibt zahlreiche Literatur zur Arbeitsplatzgestaltung und viele aktuelle Studien zur Gesundheit.

Wie in Kapitel 4.5 beschrieben, gehört zur Systemgestaltung auch die Ausarbeitung von Job Crafting-Leitlinien, die Bereitstellung von strukturellen Arbeitsressourcen, die Verbesserung von Arbeitsbedingungen und die Gestaltung der Arbeitszeit. Die Arbeitszeitgestaltung beeinflusst, wie lange Mitarbeitende unterschiedlichen Belastungen ausgesetzt sind, wie viel Zeit sie für Erholung und Wiederherstellung ihrer Ressourcen haben, welche Möglichkeiten zur sozialen Teilnahme im Familien- und Freundeskreis bestehen und wie zufrieden sie mit der Balance zwischen Arbeit und Privatleben sind (Beermann und Wöhrmann 2018).

Die Arbeitszeitgestaltung trägt also dazu bei, dass Beschäftigte langfristig gesund, motiviert und zufrieden bleiben. Da die Gestaltung der Arbeitszeit in der Verantwortung des Arbeitgebers liegt, kann der Einzelne sie nur sehr begrenzt oder bei nachgewiesener gesundheitlicher Beeinträchtigung beeinflussen. Deshalb gehen wir in diesem Kontext nicht weiter auf dieses Thema ein.

6.6 Follow-up-Phase: Überprüfung und Reflexion der initiierten Veränderungen

»Wir staunen über die Schönheit des Schmetterlings, aber erkennen die Veränderung so selten an, durch die er gehen musste, um so schön zu werden.«

Maya Angelou, amerikanische Schriftstellerin

Jede Veränderung ergibt ein Resultat – nur: ist es das, was wir anstreben wollten? Du bist nun schon einige Zeit am Umsetzen deines Job Crafting-Plans oder hast dein Ziel bereits erreicht. Zeit also, um zurückzuschauen und den bis jetzt durchgelaufenen Prozess zu beurteilen. Vor allem bei größeren Veränderungsprojekten beginnt die Evaluation, ob du auch wirklich auf dem richtigen Weg zu deinem Ziel bist, sinnvollerweise bereits während der Crafting-Phase.

Aber warum ist eine solche Auswertung wichtig und sinnvoll? In Kapitel 3.2 »Bedürfnis nach Kontrolle und Kompetenz« hast du erfahren, wie wichtig es für uns Menschen ist, unsere Ziele zu erreichen. Wir gewinnen also zum einen durch die Reflexion und Auswertung unseres Veränderungsprozesses nicht nur neue – hoffentlich – positive (Kontroll-)Erfahrungen, sondern stärken gleichzeitig unser Vertrauen in uns, etwas bewirken zu können. Das heißt, wir erhöhen unsere Selbstwirksamkeit. Haben wir Erfolg, motiviert es uns, Verbesserung auch in anderen Bereichen in Angriff zu nehmen. Bei Nichterfolg sind wir vermutlich zuerst enttäuscht und demotiviert. Es kann uns schwerer fallen, weitere Veränderungsschritte zu initiieren. Viel lieber würden wir wieder zu unseren alten Routinen zurückkehren. Dabei liegt genau hier die größte Entwicklungschance für dich! Wenn du ehrlich hinschaust und bereit bist, auch aus Fehlern und Misserfolgen zu lernen, wirst du dich Stück für Stück besser kennenlernen und deine Job Crafting-Fähigkeiten kontinuierlich verbessern und weiterentwickeln können. Dieses Erfahrungswissen wird sich in jedem Fall bei künftigen (Job Crafting-)Arbeiten auszahlen. Und seien wir ehrlich ... Es ist noch kein Meister vom Himmel gefallen! Warum also solltest du dieses unmögliche Unterfangen als Erster erreichen?

»Die Fehler gehören zum Leben wie der Schatten zum Licht.«

Maya Angelou, amerikanische Schriftstellerin

Regelmäßige Treffen (zum Beispiel wöchentlich oder alle zwei bis vier Wochen, je nach Thema der Veränderung), bei denen du über deine Fortschritte, Erfahrungen und Herausforderungen reflektierst oder diese mit deiner Führungskraft besprichst, ermöglichen es dir, sowohl kleine als auch große Erfolge festzustellen und frühzeitig zu erkennen, ob du deinen Plan anpassen und Korrekturmaßnahmen einleiten musst. Das geht erfahrungsgemäß besser und leichter, je früher man Fehler oder Irrwege erkennt. Je größer und komplexer dein (Veränderungs-) Vorhaben ist, desto eher und regelmäßiger solltest du auf jeden Fall Boxenstopps einplanen.

Von besonderer Bedeutung für eine erfolgreiche Evaluation sind aber die in der Crafting-Phase festgelegten Ziele. Diese sollten sowohl in der Follow-up-Phase als auch bei der Schlussauswertung herausgegriffen und überprüft werden. Auch deine Pläne, die du mithilfe der Notizen aus den Anleitungen in Kapitel 6.5 »Tools für die Crafting-Phase« erstellt hast, unterstützen diesen Prozess.

Hast du deine Ziele erreicht? Herzliche Gratulation! Hast du Schwachstellen in deinem Plan entdeckt, ist etwas nicht wie geplant verlaufen oder hast du festgestellt, dass ein Veränderungsschritt möglicherweise mehr Zeit in Anspruch nimmt als erwartet? Kompliment! Auch diese Rückschritte in deinem Plan bringen dich voran. Indem du Misserfolge erkennst und analysierst, gewinnst du Erkenntnisse darüber, was schief gelaufen ist und wie du es künftig besser machen könntest. Fehler sind natürliche Bestandteile des Wachstumsprozesses. Dadurch kannst du deine Fähigkeit zur Problemlösung weiterentwickeln. Möglicherweise entdeckst du gar neue Ideen oder Innovationen. Wichtig ist einzig, aus Fehlern und Misserfolgen zu lernen und sie nicht als Blamage – oder noch schlimmer – Abwertung deiner Persönlichkeit zu betrachten.

»Umwege erweitern die Ortskenntnisse.«

Kurt Tucholsky, deutscher Journalist und Schriftsteller

Anna hat sich für die Crafting-Phase ein Tagebuch zugelegt, in das sie sich jeweils am Ende der Arbeitswoche notiert, was gut gelaufen ist und was nicht. Als Orientierung dienen ihr die erstellten Pläne aus den Anleitungen 1 »Transformation der Gedanken« und 2 »Gestaltung der Tätigkeiten«. Dazu schreibt sie sich täglich am Ende des Arbeitstages drei Dinge auf, für die sie dankbar ist. Am Anfang machte sie diese Dankbarkeitsübung nur, weil ihre Freundin so davon schwärmte. Mit der Zeit merkt sie aber, dass sie dadurch die Minischritte der Veränderung immer deutlicher wahrnehmen kann. So fühlt sie sich auch in stressreichen Zeiten, in denen sie zahlreiche Beschwerden bearbeiten musste, trotzdem motiviert und energievoll.

Auch für dich als Führungskraft geht es nun in der Follow-up-Phase ums Auswerten und Analysieren. Grundsätzlich gilt es, den Mitarbeitenden für die Umsetzung so viel Freiraum wie möglich zu lassen. Nichtsdestotrotz ist es sinnvoll, regelmäßige Termine zu vereinbaren, um Fortschritt, Erfahrungen und Herausforderungen miteinander zu besprechen und zu überprüfen, ob der Mitarbeiter zielorientiert seinen Veränderungsplan verfolgt.

Ein positiv verlaufendes Job Crafting erkennst du bei deinen Mitarbeitern unter anderem daran, dass die geplanten Veränderungen nun ein fester Bestandteil im Alltag geworden sind, sowie an Stimmung, Zuversicht und Belastbarkeit. Kehrt dein Mitarbeiter aber wieder zu alten Gewohnheiten zurück, läuft vermutlich etwas in die falsche Richtung und es lohnt sich, genauer nachzufragen.

Müller (2013) verweist im Übrigen auf einen interessanten Aspekt: Mitarbeitende, die heute Veränderungen ablehnen und demotiviert erscheinen, könnten früher durchaus sehr aktive Job Crafter gewesen sein. Achte deshalb darauf, wie du auf Schwierigkeiten deiner Mitarbeitenden reagierst. Es lohnt sich, die Rückmeldungen achtsam und wertschätzend zu formulieren. Ein Feedback sollte immer konkret, sachlich, respektvoll und konstruktiv sein. Nur so kann es eine Veränderung in eine positive Richtung bewirken.

6.7 Tools für die Follow-up-Phase

Der Follow-up-Phase wird oft eine geringere Wichtigkeit zugeschrieben. Kennst du es nicht selbst, dass du nach der Teilnahme an einem Training voller Tatendrang bist und dir daraus große Veränderungen erhoffst, wie täglich zu meditieren, freundlicher zu Menschen zu sein, weniger am Smartphone zu sitzen oder früher ins Bett zu gehen? Leider gehen gute Vorhaben oft nach kurzem Ausprobieren unter. Deshalb ist es für deinen persönlichen Erfolg wichtig, dass du dir Zeit für die Follow-up-Phase nimmst.

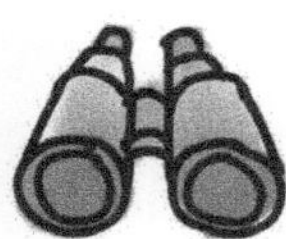

Anleitung 5 – Überblick behalten

Auf einen Blick

Ziel: Erstellen einer Übersicht, die festlegt, bis wann du welche Ziele erreichen möchtest.

Warum? Um Job Crafting-Aktivitäten erfolgreich umzusetzen, ist es entscheidend, dass du Transparenz und Klarheit für dich schaffst, sodass du stets den Überblick und die Orientierung behälst.

Für wen? ☑ Mitarbeiter, ☑ Führungskraft, ☑ Team, ☑ Coach, ☐ HR, ☐ Berater

Zeitrahmen: Dreißig Minuten.

Was wird benötigt? Ruhiger Raum, Papier, Schreibzeug.

Herausforderungen: Während der Reflexions- und Crafting-Phase hast du zahlreiche Tools und Anleitungen kennengelernt. Die Schwierigkeit besteht darin, diese Ideen in die Praxis umzusetzen.

Vorbereitung: Leg dir deine Notizen aus den Übungen und die Resultate der Anleitungen 2 »Gestaltung der Tätigkeiten«, Seite 166 und 3 »Die Beziehungen gestalten«, Seite 174 bereit.

Vorgehen: Folgende Schritte gehören zu dieser Anleitung: 1. Überblick verschaffen, 2. Zeitrahmen bestimmen, 3. Reflexion, 4. Reporting, 5. Erfolg feiern.

Schritt 1: Überblick verschaffen

Gehe nun durch deine Aufzeichnungen zu den vorherigen Tools und Anleitungen. Verschaff dir einen Überblick: Welche drei Aspekte deiner Arbeit möchtest du zuerst verändern?

Aspekt 1 ______________________________

Aspekt 2 ______________________________

Aspekt 3 ______________________________

Notiere diese drei Top-Prioritäten in der ersten Spalte (Abbildung 26). Entscheide dich dann für die erforderlichen Maßnahmen und setze dir klare, überprüfbare Meilensteine. Leg einen Zeitrahmen fest, bis wann du diese Meilensteine erreichen möchtest. Je nach Bedeutung deiner Anpassung ist es entscheidend festzuhalten, ob und wann du dein Team oder deine Führungskraft informieren musst.

Schritt 2: Zeitrahmen bestimmen

Entscheide, wie oft du deine Maßnahmen überprüfen möchtest – ob wöchentlich, alle zwei Wochen oder monatlich. Trage diese Termine in deinen Kalender ein.

Schritt 3: Reflexion

Plane mindestens dreißig Minuten Zeit ein für die Reflexion. Betrachte deine Pläne und dein Verhalten kritisch und beantworte ehrlich folgende Fragen:

Was hast du erreicht? Woran merkst du, dass du deine Ziele erreicht hast?

____

____

____

____

Falls du deine Meilensteine nicht erreicht hast, was waren die Gründe?

Was war das Highlight während der letzten Phase der Gestaltung?

Gab es unerwartete Schwierigkeiten auf dem Weg? Welche?

Welche Anpassungen musst du vornehmen, um deine Meilensteine im nächsten Zyklus zu erreichen?

Was hast du aus diesem Prozess gelernt?

Konntest du ein Ziel erfolgreich erreichen?

26 | Follow-up-Schema

Top-Priorität zur »Umgestaltung«	Ziel	Meilensteine	Maßnahmen	Zeitraum	Information an wen ab wann?	On track? Anpassungen?
1.		1. … 2. … 3. … 4. …				
2.		1. … 2. … 3. … 4. …				
3.		1. … 2. … 3. … 4. …				
Zeitrahmen Follow-up: 1. … 2. … 3. … 4. …			Einsichten/Rückmeldungen			

Was hat maßgeblich zur Zielerreichung beigetragen?

Wie möchtest du dieses Ziel abschließen? Hast du ein passendes Ritual im Sinn? Vielleicht möchtest du etwas Besonderes essen gehen oder dir eine kleine Auszeit gönnen?

Finde deinen eigenen Weg, um dieses Ziel zu feiern.

Bleib bei den anderen Veränderungen weiterhin aktiv. Je nach deiner Energie könntest du auch eine neue Crafting-Aktivität in dein Portfolio aufnehmen.

Schritt 4: Reporting

Je nach Wahl deines Crafting-Inhalts kann es sinnvoll sein, deinem Vorgesetzten von deinen Fortschritten und den erreichten Zielen zu berichten.

Schritt 5: Erfolg feiern

Du hast es geschafft. Herzlichen Glückwunsch! Feier deine Erfolge! Wir freuen uns, von euren Erfolgen, Lernprozessen und Erkenntnissen zu hören. Ihr könnt eure Erfahrungen gerne per E-Mail mit uns teilen.

Anleitung 6 – Wöchentliche Erfolgsbilanz

Auf einen Blick

Ziel: Überprüfung und Reflexion der persönlichen Ziele und Fortschritte.

Warum? Das systematische Bewerten und Reflektieren der gesetzten Ziele unterstützt dich darin, kontinuierlich an persönlichen und beruflichen Zielen zu arbeiten, die eigene Entwicklung zu verfolgen, Erfolge zu erkennen und Lernmöglichkeiten zu identifizieren.

Für wen? ☑ Mitarbeiter, ☑ Führungskraft, ☑ Team, ☑ Coach, ☐ HR, ☐ Berater

Zeitrahmen: Zehn bis fünfzehn Minuten.

Was wird benötigt? Ruhiger Raum, Papier, Schreibzeug.

Herausforderungen: Sei so ehrlich wie möglich und reflektiere wirklich darüber, wie die Woche gelaufen ist.

Vorbereitung: Lege dir deine Notizen aus den Übungen sowie allenfalls frühere Erfolgsbilanzen bereit. Nimm dir am Ende der Woche Zeit, um die folgenden Fragen ehrlich zu beantworten.

Vorgehen: Folgende Schritte gehören zu dieser Anleitung: 1. Ziele und Fortschritte, 2. Selbstbewertungsskala, 3. Reflexionsfragen, 4. Pläne für die nächste Woche, 5. Offene Gedanken und Notizen.

Schritt 1: Ziele und Fortschritte

Welche Ziele hattest du für diese Woche?

Ziel 1 __________

Ziel 2 __________

Ziel 3 __________

Hast du diese Ziele erreicht? (ja/nein/teilweise)

Ziel 1 __________

Ziel 2 __________

Ziel 3 __________

Was hat gut funktioniert?

Welche Herausforderungen erlebtest du?

Was wirst du nächste Woche anders machen?

Schritt 2: Selbstbewertungsskala (1 bis 10)

Zufriedenheit mit dem Fortschritt:

___

Engagement und Motivation:

___

Stressniveau:

___

Lernfortschritt:

___

Allgemeines Wohlbefinden:

___

Schritt 3: Selbstreflexionsfragen

Was war dein größter Erfolg in dieser Woche

___

Welche Lektionen hast du gelernt?

___

Wofür bist du dankbar?

___

Was hat dich diese Woche inspiriert?

___

Schritt 4: Pläne für die nächste Woche

Deine neuen Ziele:

Ziel 1

Ziel 2

Ziel 3

Welche Ressourcen oder Unterstützung benötigst du?

Schritt 5: Offene Gedanken und Notizen

Anleitung 7 – Erfolgstagebuch

AUF EINEN BLICK

ZIEL: Positive Erfahrungen und Fortschritte dokumentieren.

WARUM? Sich seiner Erfolge und positiven Erfahrungen bewusst zu sein, unterstützt dich auch in schwierigen Phasen, eine positive Einstellung zu bewahren.

FÜR WEN? ☑ Mitarbeiter, ☑ Führungskraft, ☑ Team, ☑ Coach, ☐ HR, ☐ Berater

ZEITRAHMEN: Täglich fünf bis zehn Minuten plus zusätzlich am Ende der Woche nochmals fünf bis zehn Minuten.

WAS WIRD BENÖTIGT? Ruhiger Raum, Papier, Schreibzeug.

HERAUSFORDERUNGEN: Kontinuierlich Zeit für die tägliche und wöchentliche Reflexion über einen längeren Zeitraum zu finden.

VORBEREITUNG: Nimm dir jeden Abend fünf bis zehn Minuten Zeit, um deine täglichen Erfolge zu dokumentieren. Reserviere dir am Ende jeder Woche weitere zehn Minuten, um die Highlights der Woche zu reflektieren und wichtige Lernmomente zu identifizieren.

Es ist ratsam, feste Zeitfenster in deinen täglichen und wöchentlichen Zeitplan einzubauen. So kannst du sicherstellen, dass du diese Reflexionszeiten auch kontinuierlich einhalten kannst. Eine regelmäßige Routine ist entscheidend, um diese Gewohnheit zu etablieren. Mit zunehmender Übung wird es immer einfacher, Zeit für diese wichtige Aufgabe zu finden und durchzuhalten.

Vorgehen: Folgende Schritte gehören zu dieser Anleitung: 1. Tägliche Erfolge, 2. Dankbarkeit, 3. Wöchentliche Reflexion und 4. Motivation und Ausblick

Schritt 1: Tägliche Erfolge

Welche Erfolge hast du heute erzielt?

Erfolg 1

Beschreibung:

Wie fühltest du dich dabei?

Warum war das ein Erfolg für dich?

Erfolg 2

Beschreibung:

Wie fühltest du dich dabei?

Warum war das ein Erfolg für dich?

Erfolg 3

Beschreibung:

Wie fühltest du dich dabei?

Warum war das ein Erfolg für dich?

Schritt 2: Dankbarkeit

Für welche drei Dinge bist du heute dankbar?

1.

2.

3.

Schritt 3: Wöchentliche Reflexion

Dein Highlight der Woche

Beschreibung:

Wie fühltest du dich dabei?

Warum war das ein Erfolg für dich?

Lernmomente der Woche

Was hast du aus deinen Erfolgen gelernt?

Wie kannst du diese Erkenntnisse in der nächsten Woche anwenden?

Schritt 4: Motivation und Ausblick

Was motiviert dich momentan am meisten?

Deine Ziele für die nächste Woche:

1.

2.

3.

Herausforderungen bei der Umsetzung

7.1 Job Crafting ist Prozessarbeit

»Das habe ich noch nie versucht, also bin ich völlig sicher, dass ich es schaffe.«

Pippi Langstrumpf, Hauptfigur einer Kinderbuchreihe der schwedischen Schriftstellerin Astrid Lindgren

Job Crafting passiert nicht von heute auf morgen. Es ist ein dynamischer und kontinuierlicher Prozess (Berg et al. 2013), bei dem der Mitarbeitende zuerst seine Bedürfnisse, seine Arbeitsaufgaben und seinen Arbeitgeber differenziert kennenlernen muss. Regelmäßige Auseinandersetzungen mit sich, der eigenen Persönlichkeit, seinen Bedürfnissen und Wünschen sind deshalb zentral. Selbstreflexion erfordert aber Zeit und Mühe. Es ist oft schwierig, in einem vollgestopften Alltag immer wieder innezuhalten und über die eigenen Erfahrungen, Stärken, Schwächen, Werte und Ziele nachzudenken. Außerdem erfordert dieser Prozess Ehrlichkeit und Objektivität. Es liegt in der Natur des Menschen, dass er dazu neigt, Informationen zu suchen, welche die bestehenden Überzeugungen und Annahmen bestätigen, oder dass es ihm schwerfällt, negative oder schmerzhafte Aspekte von sich oder seinem Leben anzunehmen, um sich zu schützen. Auch soziale und kulturelle Erwartungen und Normen können die Fähigkeit zur objektiven Selbstbetrachtung einschränken. Um diese Herausforderungen überwinden und blinde Flecken aufdecken zu können, helfen Feedbacks von vertrauenswürdigen Personen, professionelle Unterstützung wie auch Achtsamkeits- und Meditationspraktiken. Es erfordert insgesamt eine kontinuierliche, bewusste Anstrengung, Offenheit und Bereitschaft, an sich zu arbeiten, um zu einer größtmöglichen objektiven Selbstbetrachtung zu gelangen.

Eine weitere Herausforderung von Job Crafting liegt darin, die Grenzen seiner Arbeit zu kennen. Denn um Grenzen zu verändern und zu überschreiten, müssen wir zuerst wissen, wo diese liegen (Berg et al. 2013) – und zwar sowohl auf inhaltlicher, sozialer als auch unternehmerischer Ebene. Ist zum Beispiel jemand stark von der erfolgreichen Leistung eines anderen abhängig, ist Job

Crafting schwierig. Dies würde nämlich bedeuten, dass mit der Veränderung der eigenen Arbeit auch die des andern verändert werden müsste (Tims und Bakker 2010; Wrzesniewski und Dutton 2001). Außerdem erschweren ein Mangel an Struktur und der ständige Druck, Endziele zu verfolgen, dem Mitarbeitenden die Identifikation von Möglichkeiten, wie und wo er seine Arbeit gestalten könnte (Berg et al. 2013).

7.2 Vorbildfunktion des Vorgesetzten

Der Erfolg von Job Crafting hängt maßgeblich davon ab, die vorhandenen Ressourcen optimal zu nutzen (Berg et al. 2008), sowohl auf individueller Ebene als auch auf der Ebene des Unternehmens. In diesem Zusammenhang bist du als Führungskraft eine zentrale soziale Ressource für die Mitarbeitenden, während diese wiederum für dich als auch für das Unternehmen von zentraler Bedeutung sind. Beide Seiten sollten bestmöglich zum Wohl des Gesamten eingesetzt werden.

»Je besser Sie sich über Ihre eigenen Job Crafting-Aktivitäten bewusst sind, umso besser werden Sie die Aktivitäten Ihrer Mitarbeiter fördern und begleiten können.«

Eva B. Müller, Psychologin, Erwachsenenbildnerin und Autorin

Deine Möglichkeit besteht darin, ein Umfeld zu schaffen, in den Job Crafting Platz hat und gefördert wird. Du kannst durch deine Funktion sicherstellen, dass die Veränderungswünsche und -bedürfnisse der Mitarbeitenden mit der Unternehmensmission und den Zielen in Einklang gebracht werden. Dazu gehört auch die Bereitstellung notwendiger Ressourcen wie Freiräume, Zeit sowie personelle und finanzielle Mittel (Berg et al. 2008).

Als Führungskraft befindest du dich in einer einzigartigen Position. Du verfügst in der Regel über ein hohes Maß an Autonomie und Entscheidungsmacht, was dir Handlungsspielraum und Einfluss verschafft – auf die Mitarbeitenden wie auch aufs Unternehmen. Du kannst mit kleinen Veränderungen potenziell große Auswirkungen auf dein Unternehmen auslösen.

Deshalb ist es von Bedeutung, dass du mit Job Crafting bei dir selbst beginnst. Auf diese Weise nimmst du eine Vorbildfunktion ein und trägst zur Entwicklung einer Unternehmenskultur bei, die kontinuierliches Lernen und Wachstum unterstützt. Indem du selbst vorangehst, kannst du deine Mitarbeitenden dazu inspirieren und motivieren, ihre Arbeit eigenverantwortlich zu gestalten. Gleichzeitig förderst du eine Kultur des Vertrauens, der Unterstützung und der offenen, ehrlichen Kommunikation. So trägst du nicht nur zu höherer Arbeitszufriedenheit und mehr Engagement bei dir und deinen Mitarbeitenden bei, sondern auch zu besseren Ergebnissen für das gesamte Unternehmen.

7.3 Widerstand

Physischer Widerstand führt dazu, dass elektrische Schaltkreise durch den eingeschränkten Fluss des Stromes laufen. Widerstand ist in dem Sinne die essenzielle Komponente eines elektrischen Schaltkreises.

Leider gilt dies nicht für psychologischen Widerstand, der oft mit unangenehmen Gefühlen in Verbindung gebracht wird. Psychologischer Widerstand entsteht, wenn Menschen in ihrer Freiheit eingeschränkt werden. Ein anschauliches Beispiel ist ein Kind, dem man die Schokolade wegnimmt – es wird höchstwahrscheinlich Gefühle des Widerstandes zeigen. Ähnlich reagieren oft Mitarbeitende, wenn die Führungskraft an einem schönen Freitagnachmittag verkündet, dass ein Notfallauftrag eingetroffen ist. Die meisten werden vermutlich Widerstand zeigen oder diesen zumindest empfinden. Widerstand stellt ein bedeutendes Thema in umfassenden Transformations- und Veränderungsprozessen von Unternehmen dar.

Das Schöne beim Job Crafting ist, dass die Veränderung von dir kommt. Das heißt, dass du die Veränderung herbeiführst und somit autonom und selbstbestimmt die Schritte bestimmst. Der erwartete Widerstand kann sowohl von deinem eigenen Ego kommen, das Veränderungen möglicherweise ablehnt, als auch von Teammitgliedern oder deiner Führungskraft, die möglicherweise überrascht über deine Job Crafting-Aktivität sind. Bedenke, dass deine Führungskraft eventuell besorgt sein könnte, dass du ihren Raum oder ihre Autorität herausfordern könntest. Ähnliche Gedanken könnten auch bei Teammitgliedern aufkommen, die sich deshalb gegen deine Ideen stemmen.

Der Widerstand kann aktiv oder passiv auftreten. Aktiver Widerstand äußert sich durch Widerspruch, Gegenvorschläge, Drohungen oder sturen Formalismus ebenso wie durch Aufregung, Streit, Intrigen oder Gerüchte. Passiver Widerstand zeigt sich hingegen durch Schweigen, Ausweichen, Ins-Lächerliche-Ziehen sowie durch Fernbleiben, Unaufmerksamkeit oder Sich-Zurückziehen.

Lass dich nicht entmutigen. Jede Veränderung stößt auf Widerstand. Kläre auf und kommuniziere von Anfang an offen und transparent, um möglichen Spannungen den Wind aus den Segeln zu nehmen.

7.4 Grenzen

In Kapitel 5 hast du die Nachteile von Job Crafting kennengelernt. In Kapitel 6 wurden dir verschiedene Tools und Methoden vorgestellt, mit denen Job Crafting analysiert, umgesetzt und gemessen werden kann. In diesem Kapitel möchten wir dir nun mögliche Grenzen des Job Crafting aufzeigen.

Zeitliche und emotionale Belastung: Job Crafting ist mit Aufwand verbunden. Neue Aufgaben und zusätzliche Verantwortlichkeiten benötigen Zeit für die Etablierung. Es ist wichtig, mit deinen Ressourcen nachhaltig umzugehen und Job Crafting in einer ruhigen Phase zu starten, um Überforderung zu vermeiden. Eine effiziente

Strategie könnte darin bestehen, eine Fachperson oder einen Coach hinzuzuziehen, die oder der dich gezielt durch den Prozess führt.

Fehlendes Fachwissen: Wenn du eine neue Stelle antrittst oder eine neue Rolle übernimmst, ist es ratsam, dass du dich zuerst mit den wesentlichen Aufgaben vertraut machst, anstatt sofort das Konzept des Job Crafting anzuwenden. Es ist wichtig, von Anfang an zu erkennen, ob dir die Arbeit Freude bereitet. Gib dir Zeit, um eine neue Funktion vollständig zu verstehen, lerne die verschiedenen Aufgaben und Verantwortlichkeiten kennen und gewinne ein Verständnis dafür, wie alles zusammenhängt und welche Möglichkeiten zum Lernen bestehen. Je nach Position oder Arbeit kann nach etwa einem halben Jahr – oder vielleicht auch später – der richtige Zeitpunkt sein, um mit Job Crafting zu beginnen.

Begrenzte Handlungsspielräume: Job Crafting ist nicht in jeder Branche gleich gut anwendbar. In Branchen mit strengeren gesetzlichen Vorschriften, insbesondere in Bezug auf Sicherheit, können die Strukturen starrer sein. Bleib realistisch, wenn es um die Möglichkeiten der Arbeitsgestaltung geht. Dabei solltest du aber eines unserer Lieblingssprichwörter im Gedächtnis behalten:

Alle sagten: »Das geht nicht!« Dann kam einer, der wusste das nicht und hat es einfach gemacht.

Unbekannt.

Option Kündigung

Bei allen Überlegungen, wo und wie du dein Arbeitsumfeld verändern und besser an deine Bedürfnisse anpassen kannst, um damit deinem Arbeitgeber noch eine Chance zu geben, darf die Option »Kündigung« trotzdem immer mitlaufen. Es geht nicht darum, sie zu unterdrücken oder zu ignorieren. Sie ist eine legitime Lösung deiner beruflichen Unzufriedenheit. Wichtig ist einzig der bewusste und reflektierte Umgang damit.

Was können Signale für dich als Mitarbeiter oder Mitarbeiterin sein, die für eine Kündigung als Best Choice sprechen?

Unüberwindbare Differenzen: Wenn es Konflikte mit Vorgesetzten oder Arbeitskollegen gibt, die ihr auch mit professioneller Unterstützung nicht klären könnt, die aber dich, deine Produktivität und die Arbeitsumgebung belasten, kann ein Wechsel sinnvoll sein.

Persönliches Wohlbefinden: Wenn der Job oder das Arbeitsumfeld sich negativ auf deine körperliche oder psychische Gesundheit auswirkt und alle bisherigen Veränderungsbemühungen nichts gebracht haben, ist es wichtig, die eigene Gesundheit an erste Stelle zu setzen und einen Arbeitsplatzwechsel in Betracht zu ziehen.

Stagnation, fehlende Entwicklungsmöglichkeiten oder Unterstützung: Fühlst du dich in deiner aktuellen Position festgefahren und siehst du keine Möglichkeiten, dich beruflich und persönlich weiterentwickeln zu können? Kannst du monotone, wenig herausfordernde Aufgaben nicht verändern? Hast du wenig Entscheidungsspielraum oder Einfluss auf die eigenen Arbeitsaufgaben? Und auch ein Gespräch mit deinem Vorgesetzten und der Personalabteilung hat keine weiterführenden Optionen aufgezeigt? Dann kann dir ein Jobwechsel neue Chancen bieten.

Veränderungen im Unternehmen: Größere Veränderungen wie Umstrukturierungen, Fusionen oder Übernahmen können sich auf ethische Standards, Werte und die Unternehmenskultur auswirken. Sollten diese deinen eigenen Werten und Überzeugungen widersprechen, ist ein Arbeitsplatzwechsel in Erwägung zu ziehen.

Lebensveränderungen: Manchmal ändern sich persönlichen Umstände, sei es durch einen Umzug in eine andere Stadt, aufgrund persönlicher Interessen oder der Notwendigkeit, mehr Zeit für die Familie aufzubringen. In solchen Fällen kann eine Anpassung der beruflichen Situation erforderlich sein.

Auch aus der Sicht einer Führungskraft oder Personalverantwortlichen gibt es Gründe und Situationen, in denen die Möglichkeiten des Job Crafting ausgeschöpft oder begrenzt sind. Daher kann es ratsam sein, dem Mitarbeitenden zu empfehlen, außerhalb des Unternehmens nach beruflichen Möglichkeiten zu suchen:

Leistungsdefizite: Sollte der Angestellte trotz Unterstützung und Schulungen wiederholt die geforderten Leistungsstandards nicht erfüllen und keine Aussicht auf Verbesserung bestehen, kann eine Trennung sinnvoll sein.

Fehlende Entwicklungsmöglichkeiten: Du kannst dem Mitarbeiter die gewünschten Entwicklungsmöglichkeiten nicht bieten oder seine Karriereambitionen nicht erfüllen? Dann könnte ein Jobwechsel neue Chancen für alle Beteiligten bieten.

Kultur-Misfit: Hat der Mitarbeiter dauerhaft Schwierigkeiten, sich in die Unternehmenskultur zu integrieren, erschwert das die Zusammenarbeit und die allgemeine Zufriedenheit. In diesem Fall kann es für beide Seiten von Vorteil sein, wenn du als Führungskraft oder Personalverantwortlicher die Kündigung empfiehlst oder aussprichst.

Diese Aufzählung ist nicht abschließend. Außerdem sind Kündigungen für beide Seiten oft schwierige Entscheidungen und können weitreichende Auswirkungen haben. Daher ist es wichtig, solche Entscheidungen sorgfältig zu durchdenken.

Du hast nun viel über das Job Crafting-Konzept gelesen. Nimm dir Zeit für die Übungen und Reflexionsfragen dieses Buches und beginne, deinen Job nach den eigenen Wünschen und Vorstellungen zu formen.

Wir freuen uns darauf, von deinen Erfahrungen zu hören und zu erfahren, wie dir die Anwendung der Konzepte aus diesem Buch gelungen ist.

Anhang

Abbildungsverzeichnis

Übersicht Wissensboxen

Literaturverzeichnis

Aaron Antonovsky (1997): Salutogenese. Zur Entmystifizierung der Gesundheit. DGVT-Verlag, Tübingen.

Arnold B. Bakker und Evangelia Demerouti (2014): Job demands-resources theory. In: Chen Peter Y. und Cooper

Arnold B. Bakker und Evangelia Demerouti (2007): The Job Demands-Resources model: state of the art. Journal of Managerial Psychology. 22 No. 3, 309–328.

Cary L. (Eds.): Work and wellbeing: Wellbeing: A Complete Reference Guide. Wiley Blackwell, 37–64.

Andrea Barrueto und Julia Wenger (2024): Resilienz. Dein 8-Wochen-Programm für mehr Ressourcen in anspruchsvollen Zeiten. www.barrueto.ch, abgerufen am 30. Juli 2024.

Andrea Barrueto, Celine Fontavive, Adrian Känel, Enno Arenholz und Matthias Muschler (2018): It's all about the money ... really?!? Semesterarbeit. Universität St. Gallen.

Eveline Baumgartner (26. Oktober 2023): Die Pausenformel. Natur als Vorbild. Interview von Susanne Wagner. atemsinn.ch/mikropausen/pausenformel, abgerufen am 30. Juli 2024.

Beate Beermann und Anne Marit Wöhrmann (2018): Themenfeld »Arbeitszeit«. Arbeitsmedizin-Sozialmedizin-Umweltmedizin 53 (Sonderheft), 20–24.

Jürg Bengel, Regine Strittmatter und Hildegard Willmann (2001): Was erhält Menschen gesund? Antonovskys Modell der Salutogenese – Diskussionsstand und Stellenwert. In: Forschung und Praxis der Gesundheitsförderung, Band 6, 1–172.

Justin M. Berg, Jane E. Dutton und Amy Wrzesniewski (2008): What is job crafting and why does it matter? University of Michigan.

Justin M. Berg, Adam M. Grant und Victoria Johnson (2010): When Callings are Calling: Crafting Work and Leisure in Pursuit of Unanswered Occupational Callings. Organization Science 21(5), 1–8.

Justin M. Berg, Jane E. Dutton und Amy Wrzesniewski (2013): Job crafting and meaningful work. In: B. J. Dik, Z. S. Byrne & M. F. Steger (Eds.), Purpose and meaning in the workplace (p. 81–104). American Psychological Association.

Christina Berndt (2013): Resilienz. Das Geheimnis der psychischen Widerstandskraft. Deutscher Taschenbuch Verlag, München.

Tanja Bipp und Evangelia Demerouti (2015): Which employees craft their jobs and how? Basic dimensions of personality and employees' job crafting behavior. Journal of Occupational and Organizational Psychology 88, 631–655.

Lorenzo Bizzi (2017): Network characteristics: when an individual's job crafting depends on the jobs of others. Human Relations 70(4), 436–460.

Franziska Bredehöft, Jann Dettmers, Annekatrin Hoppe und Monique Janneck (2015): Individual work design as a job demand: The double-edged sword of autonomy. Journal Psychologie des Alltagshandelns 8(2), 12–24.

Matthias Burisch (2011): Burnout heute – Entstehung, Verbreitung, Prävention. Pro Mente Sana Aktuell. Informationen aus der Psychiatrieszene Schweiz.

Christian Busch (2022): Connect the Dots. The Art and Science of Creating Good Luck. Penguin Life, London.

Christian Busch (28. April 2023): Serendipität: Erfolgsfaktor Zufall. Changemanagement – das Magazin. https://changement-magazin.de/interview/serendipitaet-erfolgsfaktor-zufall, abgerufen am 30. Juli 2024.

Anastasia Buyalskaya, Hung Ho, Katherine L. Milkman, Xiaomin Li, Angela L. Duckworth und Colin Camerer (2023): What can machine learning teach us about habit formation? Evidence from exercise and hygiene. Psychological and cognitive sciences. Proceedings of the National Academy of Science of the United States of America, 1–7.

Ram Charan und Geoffrey Colvin (21. Juni 1999): Why CEOs fail it's rarely for lack of smarts or vision. Most unsuccessful CEOs stumble because of one simple, fatal shortcoming.

Fortune Magazine, https://money.cnn.com/magazines/fortune/fortune_archive/1999/06/21/261696/, abgerufen am 24. September 2024.

Randy Cohen, Chirag Bavishi und Rozanski Alan (2016): Purpose in life and its relationship to all-cause mortality and cardiovascular events: A meta-analysis. Psychosomatic Medicine 78(2), 122–133.

Eean Crawford und Bruce Louis Rich (2010): Linking Job Demands and Resources to Employee Engagement and Burnout: A Theoretical Extension and Meta-Analytic Test. Journal of Applied Psychology 95(5), 834–848.

Soniya Dabak und Zubin R. Mulla (2022): Does job crafting help deal with paradoxes of people management? IIMB Management Review 34, 18–28.

Moritz Daum und Anja Gampe (2016): Die Rolle von Vorbildern in der sozial-kognitiven Entwicklung. Psychologie und Erziehung 1, 10–13.

Edward L. Deci (April 1971): The Effects of Externally Mediated Rewards on Intrinsic Motivation. Journal of Personality and Social Psychology, 18(1), 105–115.

Edward L. Deci und Richard M. Ryan (2010): Intrinsic Motivation. In: I. B. Weinner, The Corsini Encyclopedia of Psychology. Wiley, New York.

Edward L. Deci und Richard M. Ryan (1985): Intrinsic motivation and self-determination in human behavior. Springer, New York.

Evangelia Demerouti (2014): Design Your Own Job Through Job Crafting. European Psychologist 19(4), 237–247.

Evangelia Demerouti, Arnold B. Bakker, Sabine Sonnentag und Clive J. Fullagar (2012): Work-related flow and energy at work and at home: A study on the role of daily recovery. Journal of Organizational Behaviour 33, 276–295.

Jan Dettmers und Lina Marie Mülder (2020): Lernen, die eigenen Arbeitsbedingungen zu gestalten. Erwachsenen Bildung 3/20, 114–117.

Jan Dettmers und Ekaterina Uglanova (2022): Job Crafting. In: Michel Alexandra und Hoppe Annekatrin, Handbuch für Gesundheitsförderung bei der Arbeit. Springer, Wiesbaden.

Laura Divine (2009): Looking AT and Looking AS the Client. Journal of Integral Theory and Practice 4(1), 21–40.

Robert A. Emmons und Michael E. McCullough (2003): Counting Blessings Versus Burdens: An Experimental Investigation of Gratitude and Subjective Well-Being in Daily Life. Journal of Personality and Social Psychology 84(2), 377–389.

Bernhard Exenberger (2023): Freiheit zur Arbeitsoptimierung. Die Auswirkungen von Job Crafting und der Einfluss von Autonomie. Masterarbeit. Universität Graz.

Patrick Flood, Wenchuan Liu, Sarah MacCurtain und James P. Guthrie (2006): High Performance Work Systems in Ireland – The Economic Case. Forum on the Workplace of the Future. Research Series, Number 4. Dublin: National Centre for Partnership Performance (NCPP).

Christine Yin Man Fong, Maria Tims und Svetlana N. Khapova (2022): Coworker responses to job crafting: Implications for willingness to cooperate and conflict. Journal of Vocational Behaviour 138, 1–15.

Donald E. Frederick und Tyler J. VanderWeele (2020): Longitudinal meta-analysis of job crafting shows positive association with work engagement. Cogent Psychology 7, 1–19.

Madelyn Geldenhuys, Arnold B. Bakker und Demerouti Evangelia (2020): How task, relational and cognitive crafting relate to job performance: a weekly diary study on the role of meaningfulness. European Journal of Work and Organizational Psychology 30(1), 83–94.

Brenda Elena Ghitulescu (2006): Shaping tasks and relationships at work: examining the antecedents and consequences of employee job crafting. Dissertation. University of Pittsburgh.

Heather J. Gordon, Evangelia Demerouti, Pascale M. Le Blanc, Arnold B. Bakker, Tanja Bipp und Marc A. M. T. Verhagen (2018): Individual job redesign: Job crafting interventions in healthcare. Journal of Vocational Behaviour 104, 98–114.

Klaus Grawe (2004): Neuropsychotherapie. Hogrefe Verlag, Bern.

Richard Hackman und Greg Oldham (1976): Motivation through the design of work. Test of a theory. Organizational Behavior & Human Performance 16(2), 250–279.

Lotta K. Harju, Jari J. Hakanen und Wilmar B. Schaufeli (2016): Can job crafting reduce job boredom and increase work engagement? A three-year cross-lagged panel study. Journal of Vocational Behavior, 11–20.

Harry F. Harlow, Margaret Kuenne Harlow und Donald R. Meyer (1950): Learning motivated by a manipulation drive. Journal of Experimental Psychology 40(2), 228–234.

Jutta Heller (2021): Resilienz. 7 Schlüssel für mehr innere Stärke. Gräfe und Unzer Verlag, München.

Frederick Herzberg (1974): Motivation-hygiene profiles: Pinpointing what ails the organization. Organizational Dynamics, 3(2), 18–29.

Bettina Hoffmann-Ripken und Andrea Barrueto (2023): Das Design humaner Unternehmen. Organisationsentwicklung jenseits von Mythos und Harmoniefalle. Business Village, Göttingen.

David Holman, Maximiliano Escaffi-Schwarz, Cristian A. Vasquez, Julien P. Irmer und Dieter Zapf (2023): Does job crafting affect employee outcomes via job characteristics? A meta-analytic test of a key job crafting mechanism. The British Psychological Society 00, 1–27.

Susanna Illiewich (2023): Die Bedeutung von Job Crafting als Intervention im Positiv-Psychologischen Coaching. Masterarbeit. Universität Wien.

William A. Kahn (1990): Psychological Conditions of Personal Engagement and Disengagement at Work. Academy of Management Journal 33(4), 692–724.

Eric S. Kim, Victor J. Strecher und Carol D. Ryff (2014): Purpose in life and use of preventive health care services. Proceedings of the National Academy of Sciences, 111(46), 16331-16336.

Christian Korunka und Bettina Kubicek (2013). Beschleunigung im Arbeitsleben – neue Anforderungen und deren Folgen. Bundesanstalt für Arbeitsschutz und Arbeitsmedizin.

Heike Kuhlmann und Sandra Horn (2020): Integrale Führung. Wie Sie mit neuen Ansätzen sich selbst, Teams und Unternehmen entwickeln. SpringerGabler, Wiesbaden.

Frederic Laloux (2014): Reinventing organizations: A guide to creating organizations inspired by the next stage in human consciousness. Nelson Parker, Massachusetts.

Carrie Leana, Eileen Appelbaum und Iryna Shevchuk (2009): Work Process and Quality of Care in Early Childhood Education: The Role of Job Crafting. Academy of Management Journal 52(6), 1169–1192.

Shanshan Li, Bin Meng und Qingjin Wang (2022): The Double-Edged Sword Effect of Relational Crafting on Job Well-Being 1–13.

John L. Luckner und Reldan S. Nadler (1997): Processing the Experience. Kendall/Hunt Publishing Company, Iowa.

Boitumelo W. Makhubele, Sergio L. Peral, Crystal Hoole und Brandon Morgan (2023): Job crafting, flow, and job performance: A mediational analysis. SA Journal of Industrial Psychology/SA Tydskrif vir Bedryfsielkunde 49(0), 1–6.

Abraham Harold Maslow (1943): A Theory of Human Motivation. Psychological Review 50(4), 370–396.

Elton Mayo (1933): The Human Problems of an Industrial Civilization. Macmillan Company, New York.

Mirjam Meier (2020): Designing my job – Wie mit Job Crafting Führungspersonen im mittleren Spitalmanagement ihre Arbeit gestalten. DBA thesis Middlesex University/KMU Akademie und Management AG.

Renato Miao, Jia Yu, Nikos Bozionelos und Georgios Bozionelos (2023): Organizational career growth and high-performance work systems: The roles of job crafting and organizational innovation climate. Journal of Vocational Behaviour 143, 1–16.

Rachel Montañez (2024): Fighting Loneliness on Remote Teams. Harvard Business Review. https://hbr.org/2024/03/fighting-loneliness-on-remote-teams, abgerufen am 24. September 2024.

Eva Müller (2017): Job Crafting Leadership. In: Corinna von Au (Hrsg.), Struktur und Kultur einer Leadership Organisation. Holistik, Wertschätzung, Vertrauen, Agilität und Lernen. Springer Fachmedien, Wiesbaden.

Eva Müller (2013): Innovative Leadership. Haufe Verlag, Freiburg.

Jeanne Nakamura und Mihaly Csikszentmihalyi (2002): The concept of flow. Handbook of positive psychology, 89–105.

Cornelia Niessen, Daniela Weseler und Petya Kostova (2016): When and why do individuals craft their jobs? The role of individual motivation and work characteristics for job crafting. Human Relations 69(6), 1287–1313.

Crystal L. Park (2010): Making sense of the meaning literature: An integrative review of meaning making and its effects on adjustment to stressful life events. Psychological Bulletin 136(2), 257–301.

Paraskevas Petrou, Evangelia Demerouti und Wilmar B. Schaufeli (2015): Job Crafting in Changing Organizations: Antecedents and Implications for Exhaustion and Performance. Journal of Occupational Health Psychology, 1–11.

Paraskevas Petrou, Evangelia Demerouti und Despoina Xanthopoulou (2016): Regular versus Cutback-Related Change: The Role of Employee Job Crafting in Organizational Change Contexts of Different Nature. International Journal of Stress Management, 1–24.

Daniel H. Pink (2009): DRIVE – The Surprising Truth About What Motivates Us. Canongate Books Ltd, Edinburgh.

Amy E. Randel, Benjamin M. Galvin und Thais da C. L. Alves (2023). Job crafting to ensure a balance between focus and connection. Applied Psychology 73(1), 296–322.

Philip Rogiers, Katleen De Stobbeleir und Stijn Viaene (2021): Stretch Yourself. Benefits and Burdens of Job Crafting that Goes Beyond the Job. Academy of Management Discoveries 7(3), 1–34.

Nico Rose (2021): Management Coaching und Positive Psychologie. Stärken stärken, sinnvoll wachsen. Haufe-Lexware, Freiburg.

Cort W. Rudolph, Ian M. Katz, Kristi N. Lavigne und Hannes Zacher (2017): Job crafting. A meta-analysis of relationships with individual differences, job characteristics, and work outcomes. Journal of Vocational Behaviour 102, 112–138.

Asuka Sakuraya, Akihito Shimazu, Kotaro Imamura, Katsuyuki Namba und Norito Kawakami (2016): Effects of a job crafting intervention program on work engagement among Japanese employees: a pretest-posttest study. BMC Psychology 4, 1–9.

Quirin Schnack, Martin P. Fladerer und Katharina Schnitzler (2023): Ein Plädoyer für die Komfortzone. Organisationsberatung, Supervision, Coaching 30, 435–447.

Tatjana Schnell, Thomas Höge und Edith Pollet (2013): Predicting meaning in work: Theory, data, implications. The journal of Positive Psychology, Vol. 8, Issue 6.

VijayLakshmi Singh und Manjari Singh (2018): A burnout model of job crafting: Multiple mediator effects on job performance. IIMB Management Review 30, 305–315.

Gavin R. Slemp und Diane Vella-Brodrick (2013): The job crafting questionnaire. A new scale to measure the extent to which employees engage in job crafting. International Journal of Wellbeing 3(2), 126–146.

Gavin R. Slemp und Diane Vella-Brodrick (2014): Optimising Employee Mental Health: The Relationship Between Intrinsic Need Satisfaction, Job Crafting, and Employee Well-Being. Journal of Happiness Studies 15, 957–977.

Andrew P. Smith und Hasan Alheneidi (2023): The Internet and Loneliness. AMA Journal of Ethics 25 (11).

Steven J. Stein und Howard E. Book (2011): The EQ Edge. Emotional Intelligence and your success. Jossey-Bass, Ontario.

Maria Tims und Arnold B. Bakker (2010): Job crafting. Towards a new model of individual job redesign. SA Journal of Industrial Psychology, 36 (2), 1–9.

Maria Tims, Arnold B. Bakker und Daantje Derks (2015): Examining Job Crafting from an Interpersonal Perspective: Is Employee Job Crafting Related to the Well-Being of Colleagues? Applied Psychology: An International Review 64(4).

Maria Tims, Arnold B. Bakker und Daantje Derks (2013a): Daily Job Crafting and the Self-Efficacy-Performance Relationship. Journal of Managerial Psychology, 490–507.

Maria Tims, Arnold B. Bakker und Daantje Derks (2013b). The Impact of Job Crafting on Job Demands, Job Resources, and Well-Being. Journal of Occupational Health Psychology. 18 (2), 230–240.

Maria Tims, Arnold B. Bakker und Daantje Derks (2012): Development and validation of the job crafting scale. Journal of Vocational Behaviour 80, 173–186.

Maria Tims und Dantje Derks (2014): Job Crafting and job performance: A longitudinal Study. European Journal of Work and Organisational Psychology, 1–53.

Maria Tims, Melissa Twemlow und Christine Yin Man Fong (2021): A state-of-the-art overview of jobcrafting research: current trends and future research directions. Career Development International 27(1), 54–78.

Robert Waldinger (2015). What makes a good life? Lessons from the longest study on happiness. www.ted.com/talks/robert_waldinger_what_makes_a_good_life_lessons_from_the_longest_study_on_happiness?subtitle=en&lng=de&geo=fr, abgerufen am 30. Juli 2024.

Ken Wilber (1996): A Brief History of Everything. Shambhala Publications, Boston.

Ken Wilber (2001): A Theory of Everything. An Integral Vision for Business, Politics, Science, and Spirituality. Shambhala Publications, Boston.

Hans-Arved Willberg (2018): Dankbarkeit. Grundprinzip der Menschlichkeit – Kraftquelle für ein gesundes Leben. Springer, Berlin.

Richard Wiseman (2004): The Luck Factor: The Scientific Study of the Lucky Mind. Arrow books, London.

Lauren A. Wood (2011): The changing nature of jobs: A meta-analysis examining changes in job characteristics over time. Masterthesis, 1–60.

Amy Wrzesniewski und Jane E. Dutton (2001): Crafting a Job. Revisioning Employees as Active Crafters of Their Work. Academy of Management Review, 26(2), 179–201.

Sheryl Zika und Kerry Chamberlain (1992): On the relation between meaning in life and psychological well-being. British Journal of Psychology 83(1), 133–145.

Margherita Zito, Lara Colombo, Laura Borgoni, Antonio Callea, Roberto Cenciotti, Emanuela Ingusci und Claudio Giovanni Cortese (2019): The Nature of Job Crafting: Positive and Negative Relations with Job Satisfaction and Work-Family Conflict. International Journal of Environmental Research and Public Health 16, 1–12.